配电网典型故障
案例分析

王志坚◎主编

中国电力出版社
CHINA ELECTRIC POWER PRESS

内 容 提 要

本书理论联系实际，紧密结合配电网实际运维数据以及相关技术资料，从故障基本情况、理论知识和技术总结等方面对配电网难以查找故障点的典型故障案例进行分析，并提炼总结出配电网典型故障分析范式，同时对配网故障分析技术以及趋势进行展望。

本书可供电网企业、电力研究院校、电力设备生产制造以及运维单位等技术人员借鉴使用，也可供电力相关企业新入职员工教育培训和学习使用。

图书在版编目（CIP）数据

配电网典型故障案例分析/王志坚主编. —北京：中国电力出版社，2023.12（2024.11重印）
ISBN 978-7-5198-8283-9

Ⅰ.①配⋯ Ⅱ.①王⋯ Ⅲ.①配电系统—故障诊断—案例 Ⅳ.①TM727

中国国家版本馆 CIP 数据核字（2023）第 210520 号

出版发行：中国电力出版社
地　　址：北京市东城区北京站西街 19 号（邮政编码 100005）
网　　址：http://www.cepp.sgcc.com.cn
责任编辑：苗唯时　马雪倩
责任校对：黄　蓓　于　维
装帧设计：郝晓燕
责任印制：石　雷

印　　刷：廊坊市文峰档案印务有限公司
版　　次：2023 年 12 月第一版
印　　次：2024 年 11 月北京第二次印刷
开　　本：710 毫米×1000 毫米　16 开本
印　　张：8.25
字　　数：133 千字
定　　价：58.00 元

编　委　会

主　　编 王志坚

编写人员 洪　锰　王　瑞　黄　宏　曾睿哲

　　　　　　李永见　蔡　茂　余　雯　韦腾飞

前　　言

当电力系统受到扰动，能自动恢复原运行状态或借助控制设备群过渡到新的功率平衡状态，是电力系统稳定运行的根本要求，电力系统稳定运行需发电、输电、变电、配电和用电等各个环节紧密配合。采取技术、管理等各类措施千方百计保证配电网稳定运行是配电运维人员主要工作职责。近年来，通过自动化终端全覆盖建设、自愈和标准化线路投运等，配电网架构和智能化水平大幅提升，基于自动化和通信网络技术可快速隔离故障，并恢复非故障段线路供电，但因中压开关柜、自动化终端等其他配电网设备种类、数量日趋增多，部分设备仍缺乏有效的数据记录，导致配电网仍存在部分难以及时查明的故障隐患，虽然这些隐患造成的线路跳闸，通常经绝缘测试合格即可正常送电，但这仍给配电网消除重复跳闸带来极大的困扰，因此配电网运维迫切需要一套解决查找故障隐患的有效方法。在本书撰写过程中，参考和引用了部分国内外有关研究成果和文献，多位同事参与了资料整理、案例收集和文字组织等工作，在此一并表示诚挚的感谢。特别感谢中国南方电网深圳供电局有限公司马楠、吴国森、陈海峰、彭选辉、胡国军、饶海红、赖武聪等领导和专家的悉心指导和支持帮助。本书从实践中选取了18个配电网典型的故障案例，共分为五章，其中绝大部分案例的故障点都非常隐蔽。为方便读者快速学习同类故障的分析方法，每个案例都包含故障回顾、故障分析、分析总结三部分，有翔实数据分析记录和照片资料等，并总结提炼后形成了一套故障分析范式，为故障分析工作提供借鉴。

由于编者水平有限，难免有错误或疏漏之处，敬请业界领导、专家及同行批评指正。

编　者

2023 年 7 月

目　　录

第一章 自动化装置故障分析

案例 1：10kV 配电线路保护装置频繁动作原因分析

摘要： 该案例通过对比站内外断路器保护动作信息及站外保护装置相间电流与零序电流的差异，并对站外保护装置进行试验测试后，判定导致 10kV 配电线路频繁跳闸的原因为断路器保护装置误动作。

一、故障回顾

2019 年 2 月 110kV SS 变电站 10kV 某志线 F01 站外一级断路器（1 号柱上开关）共计跳闸 3 次，保护动作情况详见表 1-1。

表 1-1 SS 变电站 10kV 某志线 F01 站外一级断路器 3 次跳闸保护动作情况

跳闸次数	时间	保护自动化装置记录情况
1	2019 年 2 月 18 日 09：07：42	C 相限时过电流动作、故障电流 639A
2	2019 年 2 月 18 日 16：07：14	C 相限时过电流动作、故障电流 637A
3	2019 年 2 月 19 日 08：36：28	C 相限时过电流动作、故障电流 639A

2019 年 2 月 18 日 09：07，SS 变电站 10kV 某志线 F01 站外一级断路器（1 号柱上开关）事故跳闸，经摇测，线路绝缘正常后，于 10：37 将 1 号柱上开关转为运行，恢复原方式供电。

2019 年 2 月 18 日 16：07，SS 变电站某志线 F01 站外一级断路器（1 号柱上开关）再次事故跳闸，经摇测，线路绝缘正常后，于 21：14 恢复原方式供电。

2019 年 2 月 19 日 08：36，SS 变电站某志线 F01 站外一级断路器（1 号柱上开关）第三次事故跳闸，现场对线路进行直流耐压试验，最高试验电压达 12kV、持续时间 2min、泄漏电流 20mA，但未有击穿现象发生，绝缘值在正常范围。为查明站外第一级柱上断路器频繁跳闸的原因，经调度许可后于 10：51 将 SS 变电站某志线 F01 全部负荷转由 B 变电站 F01 供电。

二、故障分析

（一）故障前运行方式

10kV 某志线 F01 站外第一级柱上断路器（频繁跳闸开关）的电气连接位置如图 1-1 所示。

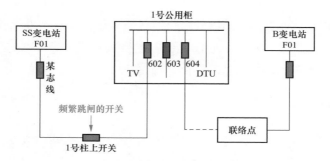

图 1-1　10kV 某志线 F01 故障前运行方式接线图

SS 变电站 10kV 某志线 F01 站外一级断路器（1 号柱上开关）信息如下：某厂家×××-CM300 成套开关设备，额定短路开断电流 20kA，电源电压 AC 100/220V，TA 变比 600/5，制造日期 2012 年 10 月，设备投产日期 2013 年 1 月 25 日。

SS 变电站 10kV 某志线 F01 设备信息：裸导线 3.24km、电缆 9.1km、公用变压器 1 台（容量 630kVA）、专用变压器 29 台（总容量 6940kVA）。

（二）跳闸信息差异分析

1. 站内外保护信息的矛盾

站外一级断路器（1 号柱上开关）保护两次跳闸显示 C 相故障电流为 639A、一次跳闸显示 C 相故障电流为 637A，按照 $3\dot{i}_0 = \dot{i}_A + \dot{i}_B + \dot{i}_C = 639A$（637A）＞60A，变电站内整定值为 60A 的零序保护应能启动保护装置并保存 3

份启动报告，但通过调取变电站内保护信息后发现站内保护没有任何启动记录，见图1-2。

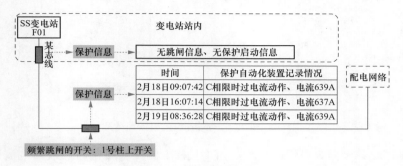

图1-2　保护信息差异图

为确认站内保护"无跳闸信息"是否可信赖，工作人员进行了以下验证工作：一是检查并确认站内保护互感器 TA 及其二次回路接线正确；二是查询3次跳闸时 10kV 某志线 F01 负荷曲线，均记录有接近 100A 的负荷值（见表1-2及图1-3和图1-4），故可确认某志线 F01 站内断路器保护互感器 TA 及其二次回路接线正确，站内保护"无跳闸信息"这一信息可信赖。

表 1-2　　　　　　　　　　10kV 某志线跳闸时负荷记录

跳闸次数	时间	跳闸前负荷电流（A）
1	2019 年 2 月 18 日 09：07	99.51
2	2019 年 2 月 18 日 16：07	97.74
3	2019 年 2 月 19 日 08：36	104.34

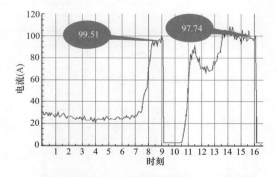

图1-3　第1、第2次跳闸时负荷电流曲线图

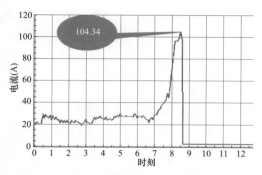

图1-4 第3次跳闸时负荷电流曲线图

某志线F01作为单辐射线路，当1号柱上断路器跳闸时，故障电流必然流经某志线F01站内断路器和1号柱上开关，但是通过检查，某志线F01断路器站内保护电流、控制等二次回路接线正确，因此需重点排查站内外保护信息不一致的原因。

2. 站外保护信息的矛盾

1号柱上开关配置三相电流互感器，保护零序电流$3i_0$由$i_A+i_B+i_C$合成，1号柱上开关3次跳闸都是C相限时过电流保护动作，按$3i_0=i_A+i_B+i_C$且忽略i_A+i_B小电流后，得出$3i_0$约等于i_C，故零序保护应该有启动记录，但在现场装置中，零序保护在三次跳闸中都没有任何记录（见图1-5），结合前述站内外保护信息不一致矛盾可初步判断1号柱上开关保护动作行为属于保护误动作。

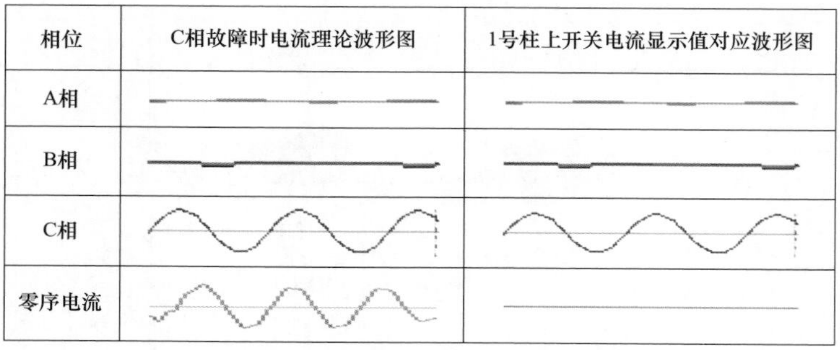

相位	C相故障时电流理论波形图	1号柱上开关电流显示值对应波形图
A相		
B相		
C相		
零序电流		

图1-5 1号柱上开关保护电流信息图

（三）保护频繁跳闸原因分析

综合某志线F01站内断路器和站外1号柱上开关保护信息差异及1号柱上

开关单相过电流保护与零序过电流保护信息的差异，可以综合判断1号柱上开关保护频繁动作跳闸为误动作。

为分析1号柱上开关保护频繁跳闸的真实原因，进一步前往现场查看设备运行环境，发现1号柱上开关位于高速桥下方，且高速路靠近断路器附近处有焊接，切割等施工作业。现场对保护装置进行采样精度、抗干扰、模拟加量动作等一系列测试，以验证保护装置的可信赖性。

1. 原板件保护采样值校验

对保护装置分别输入正序电流60、120、180、240、300A时，A相和B相的电流采样误差满足±5%的要求，但C相电流采样误差加权平均值为477.766%，采样精度明显不合格，相关数据见表1-3。

表1-3　　　　　　　　　　原板件保护采样值校验表　　　　　　　　（A）

序号	输入电流	保护装置显示			
		A相	B相	C相	I0
1	正序60	59	59	346	0.05
2	正序120	118	118	693	0.05
3	正序180	178	178	1041	0.07
4	正序240	237	237	1388	0.15
5	正序300	297	297	1734	0.17

2. 保护新板件（指更换后的装置中央控制板及采样板）采样校验

对保护装置分别输入正序电流60、120、180、240、300A时，A、B、C相的电流采样误差满足±5%的要求，具体数据见表1-4。

表1-4　　　　　　　　　　新板件保护采样值校验表　　　　　　　　（A）

序号	输入电流	保护装置显示			
		A相	B相	C相	I0
1	正序60	59	59	58	0.05
2	正序120	118	118	116	0.03
3	正序180	178	178	176	0.03
4	正序240	237	237	235	0.06
5	正序300	297	297	295	0.05

3. 保护新板件定值校验

对限时过电流、零序过电流及电流速断保护分别输入整定值的 1.05 倍电流，输入电流时长满足整定要求时，相关测试数据见表 1-5。

表 1-5　　　　　　　　　　新板件定值校验表　　　　　　　　（A）

序号	保护类型	输入值	整定值	动作值显示	动作情况
1	限时过电流	A 相 630		634	A 相过电流
2	限时过电流	B 相 630	600	631	B 相过电流
3	限时过电流	C 相 630		633.2	C 相过电流
4	零序过电流	52.5	50	52.49	零序
5	电流速断	2100	2000	2083	A 相速断

4. 新板件受干扰后采样值误差及定值测试

在用继电保护测试仪对保护输入三相正序 5A 电流量（TA 变比 600/5）的过程中，使用干扰源在保护装置旁边进行不间断的干扰，发现在干扰期间装置的零序通道零漂值有较大的突变，如图 1-6～图 1-8 所示。

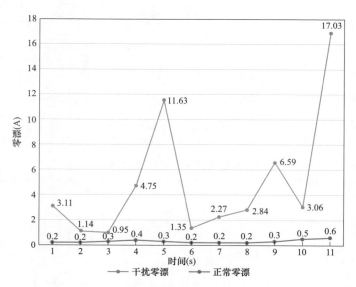

图 1-6　干扰期间零序通道零漂值有较大的突变

图 1-7 装置采样显示零序电流 6.59A　　　图 1-8 装置采样显示零序电流 17.03A

进行三相正序电流采样时，零序电流理论值为 0，但受热漂影响，会存在一个较小的零漂值。该次测试中，最大零序电流采样值为 17.03A，明显偏大。

5. 新板件抗干扰试验后保护定值校验

使用干扰源对更换过的 CPU 板和采样板的保护装置进行不间断的干扰后，再对限时过电流、零序过电流及电流速断保护分别输入整定值的 1.05 倍电流，输入电流时长满足定值延时要求时，发现无论输入量如何变化，保护采样值都固定为 C 相 654A，测试数据见表 1-6。

表 1-6　　　　　　　　　新板件抗干扰试验后保护定值校验表　　　　　　　（A）

序号	保护类型	输入值	整定值	保护动作显示信息情况
1	限时过电流	A 相 630		C 相 654A 过电流
2	限时过电流	B 相 630	600	C 相 654A 过电流
3	限时过电流	C 相 630		C 相 654A 过电流
4	零序过电流	52.5	50	C 相 654A 过电流
5	电流速断	2000	2100	C 相 654A 过电流

测试数据表明，保护装置受干扰后，装置采样电流已被固定为 C 相 654A。

综合以上测试可知：2019 年 2 月 SS 变电站 10kV 某志线 F01 站外一级断路器（1 号柱上开关）3 次跳闸都属于保护误动作，线路上不存在故障点。

三、分析总结

（一）分析方法

断路器跳闸后现场查不到故障点且摇测线路绝缘值符合运行线路要求，可按如下顺序开展故障排查工作：

（1）收集跳闸断路器至变电站（条件允许时可收集变电站内保护信息）所有开关设备保护信息，如果跳闸断路器至变电站内串联线路上的开关设备保护信息一致，则判断为跳闸行为正确；如果跳闸断路器至变电站内串联线路上的开关设备保护信息都不一致，则判断为跳闸行为不正确；如果跳闸断路器与跳闸断路器至变电站内串联线路上的部分开关设备保护信息不一致，则需做进一步的分析和判断。

（2）判断跳闸断路器保护信息的一致性，如果保护单相过电流动作但零序保护未启动，或者零序保护动作但没有任意一相相电流启动则需结合电流互感器二次回路接线检查及保护装置测试结果进行综合判断。

（二）改进措施

1. 运行设备误跳闸的风险控制

（1）整理账册，统计所有同类型的保护装置。

（2）收集数据开展巡视，收集所有同类型的保护装置采样数据。

（3）管控风险，依据采样数据，分析异常数据后及时采取相应措施控制误跳闸的风险。

2. 家族性设备隐患排查

开展保护板件 C 相采样值锁定原因分析，依据保护装置测试数据分析出二次 TA、压频变换、采样保持、干扰算法等软硬件的具体缺陷问题，识别出是个别装置缺陷还是家族性缺陷，从而采取进一步的防范措施。

案例 2：110kV MK 变电站 10kV 材 L 线 F01 站内断路器开关跳闸原因分析

摘要： 该案例通过对比保护动作电流值大于理论计算短路最大电流值的信息，并结合实测保护采样电流误差不满足规程要求后，判断此次跳闸为保护误动作。

一、故障回顾

2015 年 4 月 24 日 15：48，MK 变电站 10kV 材 L 线 F01 站内断路器开关事故分闸，全线查无故障，摇测线路绝缘为 50GΩ，绝缘正常，运行人员于 16：30 将站内断路器开关转为运行，恢复原供电方式。10kV 材 L 线 F01 站内断路器开关跳闸详情见表 2-1。

表 2-1 跳 闸 详 情

跳闸次数	时间	保护自动化装置记录情况
1	2015 年 4 月 24 日 15：48	A 相瞬时过电流动作、故障电流 24120A

MK 变电站 10kV 材 L 线 F01 一次接线图见图 2-1。

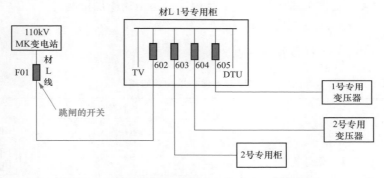

图 2-1　MK 变电站 10kV 材 L 线 F01 一次接线图

MK 变电站 10kV 材 L 线 F01 站内断路器开关信息：某厂家成套开关设备，设备制造日期 2009 年 10 月，设备投产日期 2010 年 1 月 25 日，额定短路开断电流 20kA，电源电压 AC 100/220V，相 TA 变比 1000/1，零序 TA 变比 100/1；保护定值：速断保护为 2200A/0.3s，过电流保护为 720A/0.9s，零序保护为 60A/1s。

MK 变电站 10kV 材 L 线 F01 设备信息：电缆 2.74km、专用变压器 6 台（总容量 9480kVA）。

二、 故障分析

为分析此次跳闸的原因，调取了 MK 变电站 10kV 材 L 线 F01 站内断路器开关保护动作信息。

站内断路器开关保护动作信息见图 2-2。

通过站内断路器开关保护动作信息可

图 2-2　站内断路器开关保护动作信息

以看出，故障二次电流为 24.120A（一次电流 24120A），故障电流持续

322ms，从报告表面看完全符合保护动作逻辑，故障电流及持续时间均已达到保护动作条件，但根据调度计算当年 MK 变电站 10kV 母线理论最大短路电流值为 20000A，MK 变电站 10kV 材 L 线 F01 站内断路器开关保护测量到的故障电流已明显大于理论计算值。

基于故障电流不可能大于理论计算最大值，对 MK 变电站 F01 站内断路器开关跳闸的保护动作行为正确性提出了质疑，并于 2015 年 4 月 27 日对跳闸断路器开关进行保护采样精度、抗干扰测试、保护动作加量测试。

1. 原装置进行保护采样校验

原装置保护采样校验表见表 2-2。

表 2-2　　　　　　　　　　原装置保护采样校验表　　　　　　　　　（A）

序号	输入电流	保护装置显示		
		A 相	B 相	C 相
1	正序 50	50	52	51
2	正序 100	102	102	102
3	正序 150	523	152	151
4	正序 200	1578	201	203
5	正序 300	4062	303	302

进行装置采样校验时，A 相采样电流发生激增，初步判断保护装置的采样板件异常。

小结：A 相电流加量至 150A 时，装置采样异常，与实际电流相差过大，BC 两相采样精度均小于 5% 误差，符合要求。

2. 更换新的采样板件后再次进行保护采样校验

新板件保护采样校验表见表 2-3。

表 2-3　　　　　　　　　　新板件保护采样校验表　　　　　　　　　（A）

序号	输入电流	保护装置显示		
		A 相	B 相	C 相
1	正序 50	50	52	51
2	正序 100	102	102	102
3	正序 150	151	152	151
4	正序 200	200	201	203
5	正序 300	301	303	302

更换采样板后装置采样正常。

小结：更换采样板后 ABC 三相电流采样精度均小于 5％误差，符合要求。

三、分析总结

基于故障电流不可能大于理论计算最大值是本案分析的关键思路，此次保护误动作是由于装置采样值极大的误差引起，采取更换保护板件的措施后成功避免了装置再次误动。

案例3：TY 变电站 10kV 田 Y 线 F02 站内断路器开关跳闸原因分析

摘要：该案例通过分析跳闸断路器开关的故障持续时长明显异常的情况，并结合现场一次设备情况和保护装置测试数据，判断此次跳闸为保护装置误动作。

一、故障回顾

2021 年 4 月 26 日 20：59，TY 变电站 10kV 田 Y 线 F02 站内断路器开关事故分闸，跳闸前接线图见图 3-1，线路查无故障后将站外田 S 公用柜 602 断路器开关转为冷备用，将田 S 公用柜 605 断路器开关转为运行，TY 变电站 10kV 田 Y 线 F02 负荷转由 TY 变电站 10kV 玉 S 线 F61 供电。并将 F02 站内断路器开关转为运行，使 TY 变电站 10kV 田 Y 线 F02 站内断路器开关至站外断路器开关这段电缆处于空充状态，转电后运行接线图见图 3-2。

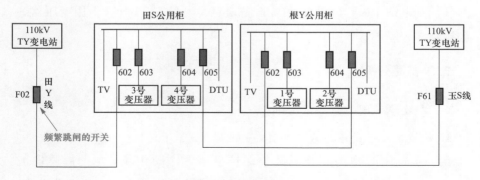

图 3-1　跳闸前接线图

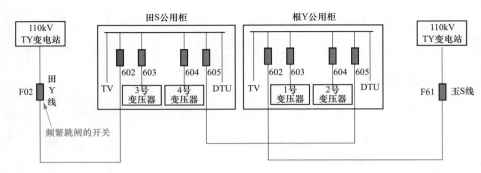

图 3-2 转电后运行接线图

2021 年 4 月 27 日 09：12，TY 变电站 10kV 田 Y 线 F02 站内断路器开关再次事故分闸，工作人员对 TY 变电站 10kV 田 Y 线 F02 站内断路器开关至站外断路器开关电缆进行绝缘测试，试验合格并试送成功，该段电缆无故障（见图 3-2），为查明田 Y 线 F02 站内断路器开关跳闸原因，技术人员进入变电站调取保护动作记录详见表 3-1。

表 3-1   田 Y 线 F02 站内断路器开关 2 次动作记录表

跳闸次数	时间	保护自动化装置记录情况
1	2021 年 4 月 26 日 20：59	零序保护动作、故障电流 529.2A，持续 59.01s
2	2021 年 4 月 27 日 09：12	零序保护动作、故障电流 637.1A，持续 60.23s

TY 变电站 10kV 田 Y 线 F02 站内开关设备信息如下：某厂家成套开关设备，额定短路开断电流 20kA，电源电压 AC 100/220V，相 TA 变比 600/5，零序 TA 变比为 100/5，制造日期 2009 年 1 月，设备投产日期 2009 年 8 月。

TY 变电站 10kV 田 Y 线 F02 设备信息：电缆 5.30km、专用变压器 8 台（总容量 8650kVA）。

二、 故障分析

（一）故障跳闸信息差异分析

1. 故障电流与线路绝缘摇测值之间的矛盾

第一次跳闸时站内断路器开关保护显示零序动作，显示的故障电流为 529.2A，全线路摇测绝缘为 900MΩ，站外无任何开关设备保护启动和告警。

第二次跳闸时站内断路器开关保护显示零序动作，显示的故障电流为637.1A，TY变电站10kV田Y线F02站内断路器开关至站外断路器开关电缆摇测绝缘为100GΩ。

以上2次跳闸均出现零序故障电流与线路绝缘摇测值不一致的情况。

2. 站内保护信息的矛盾

站内断路器开关两次跳闸均为零序保护动作，站内断路器开关零序保护定值为60A、1s，断路器开关跳闸时零序电流均远超定值，第一次电流为529.2A，持续59.01s；第二次电流为637.1A，持续60.23s。这不符合保护动作逻辑，当装置检测到故障电流时，故障电流持续时间超过定值设定时间就会动作，一般延时不会超过1s，可是这两次跳闸故障电流持续59.01s和60.23s，远超过定值设置1s时限，且在60s左右的延时中故障点早就发展为更严重的故障而引致变电站内主变压器后备保护动作，一旦变电站内主变压器后备保护动作则引起主变压器10kV侧断路器开关跳闸从而引起同母线所有线路停电。

综合上述分析，初步怀疑站内断路器开关频繁跳闸为保护装置误动引起。于2021年4月27日现场对保护装置进行采样精度、模拟加量动作等一系列测试，以验证保护装置的可信赖性。

（二）新旧两块采样板件进行加量测试

（1）原装置采样校验，见表3-2。

表3-2　　　　　　　　　　原装置保护采样校验表　　　　　　　　（A）

序号	输入零序电流	保护装置显示
1	0.5	0.52
2	1	9.2
3	5	26.1
4	10	112
5	60	4062
6	80	4520

小结：零序电流采样异常，装置显示与实际电流相差过大，判定采样板故障。

（2）新采样板采样校验，详见表3-3。

表 3-3　　　　　　　　　　新采样板采样校验表　　　　　　　　（A）

序号	输入零序电流	保护装置显示
1	0.5	0.51
2	1	1
3	5	5.1
4	10	10.2
5	60	60
6	80	80.2

小结：装置采样正常。

更换采样板后装置采样正常，综合一次设备情况可判断此次跳闸是由于保护装置误动引起。

三、分析总结

（一）断路器开关跳闸原因

此次跳闸是因保护装置采样板故障引起，在分析保护动作行为正确性时不能只片面地看保护装置记录信息，还需结合现场一次设备实际运行情况进行综合判断，从而得出正确结论。

（二）改进措施

（1）统计同类型保护装置，重点对其保护采样进行巡视，发现异常及时处理。

（2）对故障板件进行根本技术原因分析，判断其故障是个案缺陷还是家族性缺陷，并采取进一步防范措施。

（3）依据行业标准开展事故后补充检验工作，按《继电保护和电网安全自动装置检验规程》（DL/T 995—2016）开展设备跳闸后事故补充检验工作。

（4）执行保护自动化装置管理标准，有效运作设备巡视、缺陷消除、技术改造、维护、反事故措施、定值、检验等管理规范。

案例 4：机 P 线及玉某塘线线路无故障跳闸分析

摘要：该案例重点分析某 A 站两回 20kV 线路电缆中间头故障时引起其他两回电气绝缘性能合格线路在短时间内相继跳闸的原因，并提出相关防范措施。

一、故障回顾

2019 年 7 月 12 日 08：12，220kV 某 A 站 20kV 机 M 二线 F18、机 P 线 F10、机 M 一线 F20 及 220kV 某 B 站 20kV 玉某塘线 F17 在 1min 内相继跳闸。20kV 机 M 二线 F18、机 P 线 F10、机 M 一线 F20 同母线运行，其中 20kV 机 M 二线 F18、机 M 一线 F20 有电缆中间头故障，而某 A 站 F10 机 P 线与某 B 站 F17 玉某塘线未排查出故障点。

（一）保护动作详情

保护动作详情表见表 4-1。

表 4-1　　　　　　　　　　　保护动作详情表

序号	线路	7 月 12 日站端保护自动化装置动作情况
1	机 M 一线 F20（有故障点）	08：12：39：545 整组启动 08：12：41：300 B 相 I_{max} =3.46A 过电流 I 段动作 08：12：42：393 重合闸动作 08：12：43：452 I_0 =3.61A 零序 I 段动作
2	机 M 二线 F18（有故障点）	08：10：51：977 整组启动 08：12：39：821 I_0 =3.04A 零序 I 段动作 08：12：40：906 重合闸动作 08：12：41：301 A 相 I_{max} =3.37A 过电流 I 段动作
3	机 P 线 F10（无故障点）	08：12：38：836 整组启动 08：12：39：840 I_0 =1.16A 零序 I 段动作 08：12：40：951 重合闸动作 08：12：43：480 I_0 =1.67A 零序 I 段动作
4	玉某塘线 F17（无故障点）	08：12：38：814 整组启动 08：12：39：820 I_0 =5.04A 零序 I 段动作 08：12：40：897 重合闸动作 08：12：43：448 I_0 =5.73A 零序 I 段动作

（二）现场处理过程

现场处理过程表见表 4-2。

表 4-2　　　　　　　　　　　现场处理过程表

2019 年 7 月 12 日具体时间	某 A 站机 M 一线 F20 跳闸处理过程
08：12	某 A 站 F20 机 M 一线跳闸，未投重合闸
08：17	停电影响用户数：10 户，一级重要用户：0 户，二级重要用户：0 户

2019 年 7 月 12 日具体时间	某 A 站机 M 一线 F20 跳闸处理过程
09：45	某 A 变电到站检查一、二次设备均正常
11：58～11：59	断开机 M 一线公用柜 G02 开关
12：06	SMP 供电公司报某 A 站 F20 机 M 一线站外无故障，申请试送。12：03，主电缆送电正常，12：05，试送站外第一级开关，线路跳闸，重合不成功
12：18	两次分闸分别为过电流、零序保护动作
13：10	合上机 M 一线公用柜 G02 开关
13：30～13：33	断开机 M 一线 2 号公用柜 G02 开关；断开长某股公用开关房 2400×××099 长某股公用柜 G02 开关
13：34	设备原因：机 M 一线 2 号公用柜 G02 开关至长某股公用柜 G02 开关电缆故障
13：36	某 A 站机 M 一线 F20 由热备用转为运行，线路恢复送电
15：35～15：40	转供电：断开普耐某电科技公用开关房 2400×××627 普耐某电科技公用柜 G02 开关；合上玉侨一线 6 号公用柜 G03 开关，为避免过负荷，将普耐某电科技公用柜 G02 开关后面 4 台变压器隔离，转由低压发电厂供电
19：50	转抢修票处理
20：50	合上普耐某电科技公用开关房 2400×××627 普耐某电科技公用柜 G02 开关
2019 年 7 月 12 日具体时间	某 A 站机 M 二线 F18 跳闸处理过程
08：12	某 A 站 F18 机 M 二线跳闸，重合不成功
08：15	停电影响用户数：916 户，一级重要用户：0 户，二级重要用户：0 户
09：46	某 A 站变电到站检查一、二次设备均正常
09：50～10：15	断开机 M 二线公用柜 G01 开关；断开松某地产公用开关房 2400×××886 松某地产公用柜 G01 开关
09：51	"三遥"开关操作记录
10：22	某 A 站机 M 二线 F18 由热备用转为运行，线路恢复送电
10：22	设备原因：电缆故障
10：30	转供电：合上顺某医院 4 号公用开关房 2400×××C305 顺某医院 6 号公用柜 G01 开关
12：17	两次分闸分别为零序、过电流保护动作
10：10	转抢修票 D2019×××27 处理
2019 年 7 月 12 日具体时间	某 A 站 F10 机 P 线跳闸处理过程
08：12	某 A 站 F10 机 P 线跳闸，重合不成功
08：16	停电影响用户数：4 户，一级重要用户：0 户，二级重要用户：0 户
09：46	某 A 站变电到站检查一次设备和二次设备均正常
10：50～10：53	断开普某技术 4 号公用柜 G02 开关
10：56	某 A 站机 P 线 F10 由热备用转为运行，线路恢复送电

续表

2019 年 7 月 12 日具体时间	某 A 站 F10 机 P 线跳闸处理过程
11：45～11：50	合上普某技术 4 号公用柜 G02 开关
11：56	其他：全线查无明显故障点
12：16	两次分闸均为零序保护动作
2019 年 7 月 12 日具体时间	某 B 站 F17 玉某塘线跳闸处理过程
08：12	某 B 站 F17 玉某塘线跳闸，重合不成功
08：17	停电影响用户数：4 户，一级重要用户：0 户，二级重要用户：0 户
12：22～12：23	断开侨某某公用柜 G02 开关
12：25	其他：全线查无明显故障点
12：25	某 B 站玉某塘线 F17 由热备用转为运行，线路恢复送电
12：28～12：30	合上侨某某公用柜 G02 开关
14：11	某 B 站 F17 玉某塘线两次都为零序过电流 I 段动作

（三）现场故障点

1. 机 M 二线故障点

机 M 二线故障点位于松某地产公用开关房（2400×××627）至钟 Y 二线公用柜（2400×××157）之间的电缆中间头。解剖故障中间头发现 F18 机 M 二线电缆中间头施工工艺未达到要求、半导体搭接不合格、导角不规范且存在明显的毛刺（见图 4-1）。

图 4-1　机 M 二线故障点

2. 机 M 一线故障点

机 M 一线故障点位于机 M 一线 2 号公用柜（2400×××× 562）至长某股公用开关房（2400×××× 739）之间的电缆中间头。解剖故障中间头发现 F20 机 M 一线电缆中间头附件不是 20kV 电压等级的、疑为 10kV 电缆中间头附件且施工工艺未达到要求（见图 4-2）。

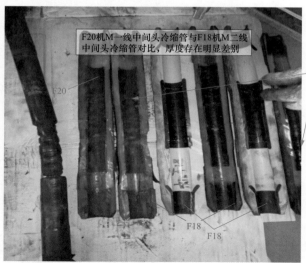

图 4-2　机 M 一线故障点

二、故障分析

（一）跳闸前运行方式

跳闸前运行方式如图4-3所示：机M一线、机M二线正常运行方式，机P线与玉某塘线通过某德2号公用开关房G02负荷开关柜合环运行（合环运行原因后文专题分析）。

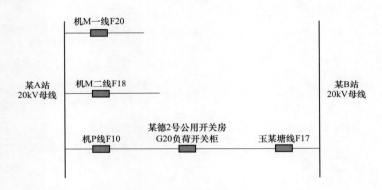

图 4-3　跳闸前运行方式图

（二）数据推演故障过程

数据推演故障过程表见表4-3。

表 4-3　　　　　　　　　　数据推演故障过程表

时间顺序	事件记录	发生的事件
1	机M二线F18 08：10：51：977 整组启动	机M二线电缆中间头A相故障后便开始出现可检测的故障电流
2	08：10：51：977～08：12：38：814 期间	故障点电流逐渐发展增大
3	玉某塘线 F17 08：12：38：814 整组启动	随着机M二线电缆中间头A相故障电流逐渐增大、玉某塘线F17和机P线F10站内保护检测到零序电流达到保护整组启动门槛
4	机P线F10 08：12：38：836 整组启动	
5	机M一线F20 08：12：39：545 整组启动	由于机M二线A相对地放电后20kV健全相B、C相对地电压升高，机M一线电缆中间头B相承受不了升高后的电压开始对地击穿放电
6	玉某塘线 F17 08：12：39：820 零序Ⅰ段保护动作	在机M一线故障275ms后玉某塘线跳闸

续表

时间顺序	事件记录	发生的事件
7	机 M 二线 F18 08：12：39：821 零序 I 段保护动作	在机 M 一线故障 276ms 后机 M 二线跳闸，此刻仅存在机 M 一线的故障点
8	机 P 线 F10 08：12：39：840 零序 I 段保护动作	在机 M 一线故障 295ms 后玉某塘线跳闸
9	玉某塘线 F17 08：12：40：879	重合闸动作
10	机 M 二线 F18 08：12：40：906	
11	机 P 线 F10 08：12：40：951	
12	08：12：40：951～08：12：41：300 期间	重合后机 M 二线电缆中间头的单相故障逐渐发展为相间故障
13	机 M 一线 F20 08：12：41：300 B 相 $I_{max}=$ 3.46A 过电流 I 段动作	机 M 一线第一次跳闸
14	机 M 二线 F18 08：12：41：301 A 相 $I_{max}=$ 3.37A 过电流 I 段动作	机 M 二线第二次跳闸
15	机 M 一线 F20 08：12：42：393	重合闸动作
16	08：12：42：393～08：12：43：448 期间	重合后机 M 一线电缆中间头的 B 相故障电流快速增长
17	玉某塘线 F17 08：12：43：448 零序 I 段保护动作	第二次跳闸
18	机 M 一线 F20 08：12：43：452 零序 I 段保护动作	第二次跳闸
19	机 P 线 F10 08：12：43：480 零序 I 段保护动作	第二次跳闸

由数据推演故障过程得知：机 M 二线由于电缆中间头工艺不合格 A 相在运行中对地击穿，导致系统 B、C 相对地电压升高，而机 M 一线同样因为电缆中间头质量不合格从而不能承受升高后的暂态及稳态电压后 B 相对地击穿，同时因为机 P 线与玉某塘线已通过某德 2 号公用开关房 G02 负荷开关合环运行后加入到零序故障网络中进行零序电流的分流，随之相继发生了 20kV 机 M 一线 F20、机 M 二线 F18、机 P 线 F10、玉某塘线 F17 站内断路器开关跳闸事件。

（三）机 P 线与玉某塘线合环运行原因分析

通过调取机 P 线与玉某塘线联络点某德 2 号公用开关房 G02 负荷开关柜的 SOE 运行记录（见表 4-4），2019 年 7 月 1 日 10：59：31：536 负荷开关跳位由 1 变为 0、4ms 后负荷开关合位由 0 变为 1，表明开关由分到合。同时结合 SOE 上下报文分析开关设备再没有任何与操作相关的其他信息记录（遥控、就地操作信息）。

表 4-4　　　　某德 2 号公用开关房 G02 负荷开关柜的 SOE 运行记录表

2019年7月12日08:11:14:386	线路02事故总软遥信	0->1
2019年7月12日08:11:13:194	线路03事故总软遥信	1->0
2019年7月12日08:11:13:192	线路02事故总软遥信	1->0
2019年7月12日08:11:12:908	线路03事故总软遥信	0->1
2019年7月12日08:11:12:904	线路02事故总软遥信	0->1
2019年7月12日08:11:11:724	线路02事故总软遥信	1->0
2019年7月12日08:11:11:394	线路03事故总软遥信	1->0
2019年7月12日08:11:11:333	线路03事故总软遥信	0->1
2019年7月12日08:11:10:753	线路02事故总软遥信	0->1
2019年7月12日08:09:23:971	KI29	0->1
2019年7月12日08:09:23:971	KI23	0->1
2019年7月1日10:59:31:540	KI20	0->1
2019年7月1日10:59:31:536	KI19	1->0
2019年4月1日15:50:05:020	KI07	1->0
2019年3月31日18:41:26:591	未储能	1->0
2019年3月31日18:41:23:985	KI06	0->1

1. 联络点一、二次设备配置

某德 2 号公用开关房 G02 负荷开关柜信息见表 4-5。

表 4-5　　　　　　某德 2 号公用开关房 G02 负荷开关柜信息

电压等级：20kV
生产厂家：C 某 Y 电力技术有限公司
设备型号：XGN-24/L
投运日期：2018 年 1 月 23 日
产权属性：供电公司资产
是否资产级设备：否
设备当前状态：运行
产权单位：某供电公司
设备分类全路径：中压负荷开关柜
出厂编号：2018010066
资产状态：使用中

某德 2 号公用开关房 G02 负荷开关柜保护信息见表 4-6。

表 4-6　　　　　　　某德 2 号公用开关房 G02 负荷开关柜保护信息

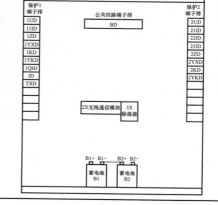

生产厂家：CYS 继保自动化有限公司
设备型号：XXS-3342 配电线路保护柜
投运日期：2018 年 1 月 23 日

2. 某德 2 号公用开关房 G02 负荷开关偷合闸原因分析

负荷开关的分合闸回路见图 4-4，当选择远方控制方式时分闸回路通电情况为：正电→2SA 控制方式选择小开关 5、6 接点→2n317 与 2n318 之间生成的遥控分闸命令接点闭合→3CLP1 连接片→将电压加在分闸线圈上（分闸控制回路）实现分闸；当选择远方控制方式时合闸回路通电情况为：正电→2SA 控制方式选择小开关 5、6 接点→2n317 与 2n319 之间生成的遥控合闸命令接点闭合→3CLP2 连接片→将电压加在合闸线圈上（合闸控制回路）实现合闸。

当选择就地控制方式时分闸回路通电情况为：正电→2SA 控制方式选择小开关 7、8 接点→3FA 分闸按钮的 13、14 接点→3CLP1 连接片→将电压加在分闸线圈上（分闸控制回路）实现分闸；当选择就地控制方式时合闸回路通电情况为：正电→2SA 控制方式选择小开关 7、8 接点→3HA 合闸按钮的 13、14 接点→3CLP2 连接片→将电压加在合闸线圈上（合闸控制回路）实现合闸。

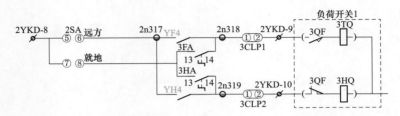

图 4-4　某德 2 号公用开关房 G02 负荷开关分合闸控制回路图

某德 2 号公用开关房 G02 负荷开关的分合闸控制回路接收分合闸脉冲并执行分合闸操作的元器件为阿某顿 APT-10X 智能控制器（见图 4-5 和图 4-6），阿某顿 APT-10X 智能控制器安装在开关设备柜体中。

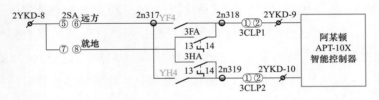

图 4-5　阿某顿 APT-10X 智能控制器在二次回路中的接线位置

图 4-6　阿某顿 APT-10X 智能控制器在开关设备的安装位置

阿某顿 APT-100 智能控制器的原理图见图 4-7。

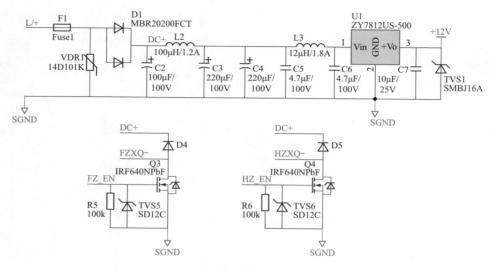

图 4-7 智能控制器的内部原理图

图 4-7 中：L/＋对应的就是装置外部的电源正极、SGND 对应装置的电源负极、FZXQ-对应的是装置外部的分闸线圈、HZXQ-对应的是装置外部的合闸线圈。FZ＿EN 是由保护装置传来的跳闸控制信号，HZ＿EN 是由保护装置传来的合闸控制信号，当传来分合闸令时打开 Q3、Q4M 管执行分闸或合闸命令。但其实 Q3、Q4 管怎样判断分闸和合闸令呢？其实就是感知电压降，当达到一定的电压降就执行分、合闸命令。

通过实验测试发现：阿某顿 APT-100 智能控制器开入量启动电压门槛为4.5V（为控制回路额定电压 24V 的 18.75％），不符合以下规范要求。

《继电保护和电网安全自动装置检验规程》（DL/T 995—2016）第 5.3.6.1款要求：5570 对于操作箱中的出口继电器，还应进行动作电压范围的检验，其值应在 55％～70％额定电压之间。

综合以上分析，当负荷开关和断路器开关分合闸启动回路电压过低时，分闸或合闸启动继电器或控制电子回路的正电源侧因直流回路接地或绝缘下降（或直流回路严重失衡）等原因而引起直流回路对地等效电容放电时导致误分、误合负荷开关和断路器开关。结合现场测量分、合闸端子测量到 15V 交流电压的情况，综合判断直流发生回路不平衡或感应交流通过回路等效电容对某德 2号公用开关房 G02 负荷开关的智能控制器放电，从而导致负荷开关合闸并使机

P 线与玉某塘线合环运行。

三、分析总结

（1）机 M 二线 F18 断路器开关跳闸行为正确，直接原因为电缆中间头安装质量，间接原因为施工人员技术能力不足。

（2）机 M 一线 F20 断路器开关跳闸行为正确，直接原因为电缆中间头安装质量，间接原因为施工人员技术能力不足。

（3）机 P 线 F10 断路器开关跳闸行为正确，引发直接原因为联络开关设计质量，间接原因为设计、验收把关不严。

（4）玉某塘线 F17 断路器开关跳闸行为正确，引发直接原因为联络开关设计质量，间接原因为设计、验收把关不严。

（5）机 P 线与玉某塘线的某德 2 号公用开关房 G02 负荷开关存在非操作人员意愿的自动合闸，为误合闸，引发直接原因为开关设计质量，间接原因为设计、验收把关不严及技术能力不足。

案例 5：RZH 公司开关柜频繁跳闸原因分析

摘要： 该案例通过解读录波器采集的故障电压波形，并结合开关柜多次跳闸的记录，分析出 RZH 公司中压开关柜欠电压保护动作延时整定值不合理，在分析的基础上为客户提供解决开关柜频繁跳闸的方案，满足客户对稳定供电的要求。

一、故障回顾

RZH 医疗电子股份有限公司于 2019 年 3 月 12 日 11：15、4 月 29 日 10：00、7 月 12 日 08：13、9 月 23 日 07：30、10 月 11 日 10：40、2020 年 3 月 5 日 12：05 及 3 月 6 日 09：05 共发生了 7 次停电事件，7 次停电跳闸的断路器开关完全相同，即为 RZH 公司 1 号专用开关房的 1 号专用开关柜 G01、G02、G03、G04、G05、G06 开关同时跳闸，7 次跳闸的所有断路器开关掉牌指示皆为"过电压保护动作"，而处于同一电房且电源相同的 2 号专用开关柜 G05、G06、G07、G08、G09、G10 开关并未跳闸，见图 5-1。

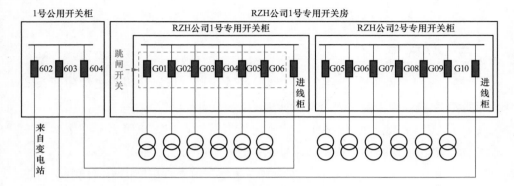

图 5-1 跳闸设备范围

二、故障分析

因 RZH 医疗电子股份有限公司中压专用柜保护为模拟电路型保护，保护不记录跳闸电流、电压信息，无法根据获取的开关柜保护信息判断保护动作行为是否正确。为分析 RZH 公司中压专用柜过电压保护跳闸停电的原因，2020年 3 月 17 日技术人员在 RZH 公司 1 号专用开关房的 1 号专用开关柜电压互感器 TV 上挂接录波器一台，用于捕捉电压异常波形并为进一步分析提供有效的数据支撑。

2020 年 7 月 13 日 01：37，RZH 公司 1 号专用开关房的 1 号专用开关柜 G01、G02、G03、G04、G05、G06 开关第 8 次同时跳闸，本次故障波形被录波器捕捉记录，下面进行具体分析。

（一）电压数据分析

2020 年 7 月 13 日 01：37，RZH 公司 1 号专用开关房的 1 号专用开关柜 G01、G02、G03、G04、G05、G06 开关跳闸，跳闸设备范围见图 5-1。

故障录波器捕捉到了本次跳闸的异常电压波形，电压异常持续 50ms，异常零时刻（2020 年 7 月 13 日 01：37：45：371100）前 1 个周波电压以基波为主、含极少量谐波，见图 5-2。

异常时刻 2020 年 7 月 13 日 01：37：45：380700（距异常起始时刻 9.6ms）前一周波计算电压有效值已下降 21%，此时间范围内已含有大量 2、3 次谐波，见图 5-3。

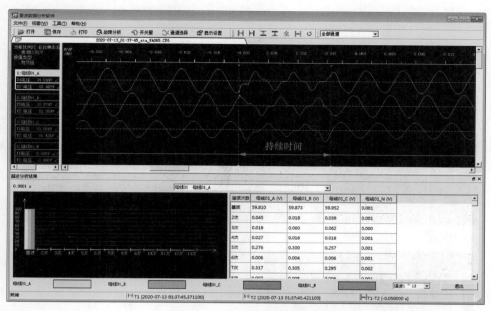

图 5-2 故障时刻前一周波各次波形含量分析

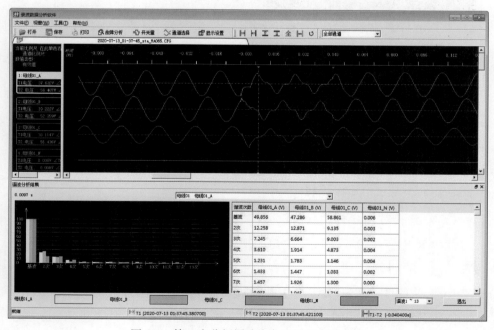

图 5-3 第二个分析周波内各次波形含量分析

异常时刻 2020 年 7 月 13 日 01：37：45：397100（距异常起始时刻

27

16.4ms）前 1 个周波计算电压有效值已下降 41.15％，此时间范围内已含有大量 3 次谐波，3 次谐波分量与基波比值为 28.88％，见图 5-4。

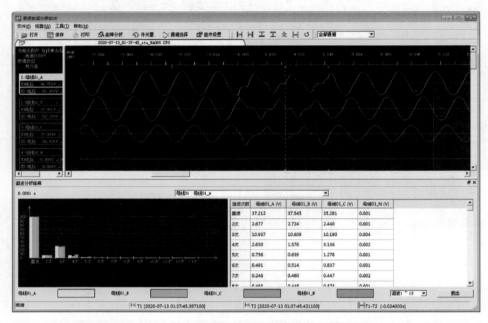

图 5-4　第三个分析周波内各次波形含量分析

（二）保护信息

RZH 公司 1 号专用开关房的 1 号专用开关柜 G01、G02、G03、G04、G05、G06 开关跳闸保护显示为过电压保护，保护动作掉牌指示信号（过电压保护）与记录到的异常电压波形（电压降低）有明显差异，实际应该是欠电压保护动作而不是过电压保护动作。

（三）数据对比分析

此次 RZH 公司 1 号专用开关房的 1 号专用开关柜 G01、G02、G03、G04、G05、G06 开关跳闸，接于同一电源的 1 号专用开关房的 2 号专用开关柜 G05、G06、G07、G08、G09、G10 开关并未跳闸，且 2 号专用开关柜与 1 号专用开关柜的负荷性质完全相同，同时接于同一馈线的其他用户，如飞某达厂、摩某公司的中压专用柜皆未跳闸。

通过综合数据分析，并剔除各处自动化装置的记录时钟差异后电压异常起始时刻校准为 2020 年 7 月 13 日 01：28：12：310，而此时刻与 RZH 公司供电电源馈线接于同一母线的 20kV 玉 Z 一线 3 号某公用柜 605 开关自动化装置也启动并记录到三相故障电流（记录到的一次电流值分别为 A 相 5454A、B 相 6064.8A、C 相 5799.6A），见图 5-5。

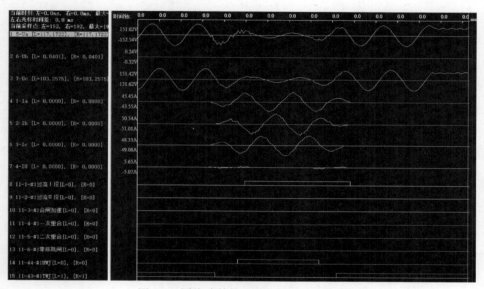

图 5-5　同线路其他用户设备故障录波图

2020 年 7 月 13 日 01：28：12：360 玉 Z 一线 3 号某公用柜 605 号开关由速断保护跳闸并切除故障电流，随即 RZH 公司 1 号专用开关柜侧 TV 上挂接录波器的记录电压恢复正常值。

事后查证接于玉 Z 一线 3 号某公用柜 605 号开关后的 HR 表业公司专用开关柜于 2020 年 7 月 13 日 01：28：12：310 故障，见图 5-6。

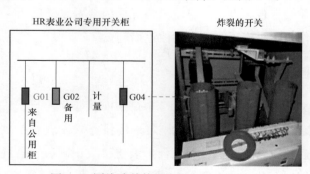

图 5-6　同线路其他用户设备故障部位图

结合上述信息可知，此次记录到的 RZH 公司 1 号专用开关柜电压异常跌落是由 HR 表业公司的用户专用开关柜 G04 开关三相短路引起，1 号专用开关柜 G01、G02、G03、G04、G05、G06 开关跳闸是由欠电压保护动作导致跳闸。经过现场测试发现 1 号专用开关柜 G01、G02、G03、G04、G05、G06 开关进行欠电压保护定值测试时动作掉牌指示"过电压保护动作"，而在进行过电压保护定值测试时动作掉牌指示为"欠电压保护动作"，说明保护动作字牌标识错误。

三、分析总结

连接于同一变电站母线的配电线路之间构成了一个相互影响的配电系统，任意一条线路故障时所有线路的用户处的电压都会波动，恰当选择电压保护定值（动作电压值及动作延时）是避免频繁跳闸的重要措施。该案例中，欠电压保护在 50ms 时长的电压波动中就动作跳闸，实际运行中供电电压会因为内部和外部原因而难以避免造成电压跌落，因此欠电压保护动作延时要综合考虑以下因素：

（1）躲过配电系统动作跳闸延时最长的保护，一般为零序保护动作延时。

（2）躲过配电系统线路重合闸时间。

（3）躲过配电系统自愈复电时间。

（4）躲过电动机群启动时间。

案例 6：TG 变电站 10kV 同 G 线 F01 站外断路器开关误跳闸分析

摘要： 该案例辨识出跳闸断路器开关后端装机容量增加后，未及时变更保护的整定值，在结合现场设备和整定值情况后综合判定跳闸为保护整定值不合理引起的误动作，并提出了管理上的改进措施。

一、故障回顾

2020 年 10 月 21 日 14：45，TG 变电站 10kV 同 G 线 F01 站外某 N 公用柜 603 断路器开关过电流保护动作于跳闸，现场排查未发现设备故障，经确认跳闸断路器开关后端设备绝缘值合格及保护装置接线正确后，进行试送电后某 N 公用柜 603 断路器开关过电流保护立即动作跳闸（见图 6-1）。

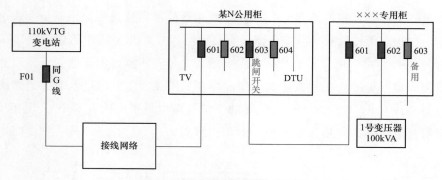

图 6-1　同 G 线 F01 接线示意图

二、故障分析

事件发生后，经调取某 N 公用柜 603 断路器 SOE 记录（见表 6-1），该断路器过电流保护整定设置为：过电流 Ⅱ 段保护整定值 11.26A、时间为 0.5s。由表 6-1 可知，14：45：10：509 断路器过电流 Ⅱ 段动作，550ms 断路器合位由 1 变为 0，552ms 断路器分位由 0 变为 1，表明断路器开关由合闸位置变成分闸位置。且由表 6-1 中 ABC 三相电流可以看出，三相电流平衡，因断路器检测到了超过 11.26A 整定值的电流并持续了 500ms，因此保护按整定要求动作。经现场检查该断路器二次回路接线正确，经测试断路器保护装置采样精度正确。

表 6-1　　2020 年 10 月 21 日某 N 公用柜 603 断路器跳闸 SOE 记录

时间	事件描述/变位信息	
14：45：10：003	整组启动	
14：45：10：509	断路器过电流 Ⅱ 段动作	
	母线保护 A 相电压	10158.32V
	母线保护 B 相电压	10177.21V
	母线保护 C 相电压	10318.57V
	断路器保护 A 相电流	12.71A
	断路器保护 B 相电流	12.91A
	断路器保护 C 相电流	12.83A
	断路器保护外接零序电流	00.01A
14：45：10：550	断路器合位	1→0
14：45：10：552	断路器分位	0→1

进一步调查发现，某 N 公用柜 603 断路器原整定值是依据图 6-1 接线进行整定，保护定值按躲过 1 号变压器最大负荷电流来计算。后期随着用电负荷的增长，某 R 客户申请安装了 800kVA 容量的 2 号变压器，而新增变压器改变了运行接线图（见图 6-2），按照 100kVA 容量变压器所整定的过电流值当然无法躲过 100kVA＋800kVA 2 台变压器的正常负荷电流值，因此某 N 公用柜 603 断路器过电流保护在某 R 客户投产时动作跳闸。

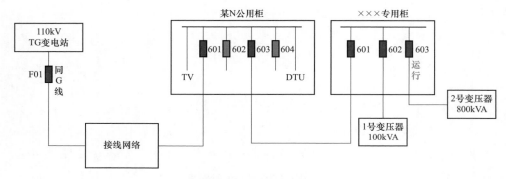

图 6-2　最新运行接线图

因此，该案例的保护跳闸属误动作，直接原因为保护定值未按最新的运行接线图（见图 6-2）进行整定计算，根本原因为现场设备变动时未及时修改图纸并录入电子化系统，从而导致定值不能及时做出变更。

过电流保护指当电流超过预定的值时，使保护装置动作的一种保护方式，当流过被保护元件的电流超过预定的整定值时，保护装置启动，并用时限来控制动作的选择性，使断路器跳闸。定时限过电流保护指动作时间固定不变，超阈值后与短路电流大小无关的一种继电保护方式，动作特性见图 6-3。

图 6-3　定时限过电流保护特性

定时限过电流保护整定原则有：①按与变电站内 10kV（20kV）馈线过电流保护配合整定，配合系数取 1.1，时间与站内 10kV（20kV）馈线过电流保护配合；②按可靠躲过后端变压器最大负荷电流整定，见式（6-1）。

$$I = K_{rel} \times K_{ast} \times K_{br} \times \sum I_n \quad (6-1)$$

式中　I——过电流整定值；

K_{rel}——可靠系数，一般取 1.2～1.3；

K_{ast}——自启动系数，按综合负载考虑时，取 1.5～2.5，若负载性质中动力负荷比重较大时，可适当提高自启动系数；

K_{br}——分支系数，不存在多电源同时供电于同一台变压器的情况时可取 1；

$\sum I_n$——该线路所供全部用户的所有挂网配电变压器高压侧额定电流之和。

此次跳闸的断路器定时限过电流保护按第二种整定原则进行整定，线路电压等级为 10kV，即按可靠躲过容量为 100kVA 变压器的最大负荷电流来整定，计算得出该断路器过电流保护整定值为 11.26A ［见式（6-2）］，动作延时取 0.5s（与上一级保护动作延时配合）。

$$I = K_{rel} \times K_{ast} \times K_{br} \times \sum I_n = 1.3 \times 1.5 \times 1 \times \frac{100}{\sqrt{3} \times 10} = 11.26 \ (A) \quad (6\text{-}2)$$

$$\sum I_e = \frac{100 + 800}{\sqrt{3} \times 10} = 51.96 \ (A) \quad\quad\quad (6\text{-}3)$$

实际上，该断路器后端所保护变压器的容量经历了 100kVA 运行一段时间后，再增加另一台 800kVA 变压器的过程，即后期变为额定电流共计 51.96A ［见式（6-3）］。因未及时依据变化的负荷容量进行整定值的计算，导致 2 号变压器（800kVA）投产时该断路器负荷电流超过原来的整定值 11.26A 而动作跳闸。

三、分析总结

（1）计算继电保护整定值必须使用完整的资料，并经现场核实正确无误后，方可作为定值计算的依据。

（2）继电保护整定通知单必须经三级审核后，方可下发执行。

（3）若运行方式或设备参数变化，继电保护整定值必须及时调整变更。

（4）定值执行人员必须认真核对相间 TA、零序 TA 的变比及接线，当发现现场实际情况与继电保护整定通知单不符时，应及时向定值计算人员反馈。

第二章　电气一次设备故障分析

案例 7：中压避雷器导致线路跳闸的原因分析

摘要： 该案例基于故障线路零序电压及零序电流分布模型的分析，并结合保护装置录波数据，初步锁定故障范围，通过试验最终确定了跳闸线路的隐性故障电气设备。

一、故障回顾

2020 年 7 月 7 日 23：48，220kV GM 变电站 10kV 合 GE 线 F69（以下简称"GM 站 F69"）合 GE 线 K01 开关、和丰尔 K01 开关事故分闸。7 月 8 日 00：20 抢修人员到达现场并对该线路进行故障排查，绝缘测试合格后用直流试送仪全线加压至 8000V 线路正常，未发现明显故障点，于 7 月 8 日 01：30 恢复送电。此次故障跳闸为此年度第 4 次跳闸，均未查到故障点。此线路正常运行方式如图 7-1 所示。

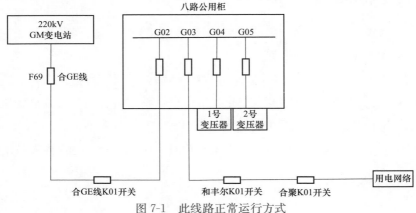

图 7-1　此线路正常运行方式

GM 站 F69 线路上共配置 4 台带保护的开关设备，开关设备及保护基本信息见表 7-1。故障发生时刻，合 GE 线 K01 开关、八路公用柜（G02、G03 开关）、和丰尔 K01 开关上送零序保护动作信号至配电网自动化远动总站，合 GE 线 K01 开关、和丰尔 K01 开关因保护整定值相同，因此同时跳闸。

表 7-1　　　　　　　　　　保护整定值配置表

序号	设备名称	速断保护	过电流保护	零序保护	保护出口
1	合 GE 线 K01 开关	2000A 0.2s	630A 0.7s	50A 0.8s	跳闸
2	八路公用柜 （G02、G03、G04、G05）	无	550A 0.05s	30A 0.1s	告警
3	和丰尔 K01 开关	2000A 0.2s	630A 0.7s	50A 0.8s	跳闸
4	合聚 K01 开关	1800A 0.1s	600A 0.6s	40A 0.65s	跳闸

二、故障分析

（一）合 GE 线 K01 开关保护数据分析

调取跳闸的合 GE 线 K01 开关录波数据，见表 7-2。故障发生时，A 相电流 2.761A（变比为 120，折算为一次值为 331.3A），B 相电流为 0.704A（折算为一次值 84.5A），C 相电流为 0.784A（折算为一次值为 94.1A），零序电流为 11.286A（变比为 20，折算为一次值为 225.7A）。从保护装置记录可以判断，故障类型为 A 相单相接地故障，零序电流 225.7A。

表 7-2　　　　2020 年 7 月 7 日合 GE 线 K01 开关采集的故障电流数据

名称	二次值	变比	一次值	单位	时间
I_a 电流	2.761	120	331.3	A	23：38：48：847
I_b 电流	0.704	120	84.5	A	23：38：48：847
I_c 电流	0.784	120	94.1	A	23：38：48：847
I_0 电流	11.286	20	225.7	A	23：38：48：847

（二）八路公用柜保护数据分析

调取八路公用柜 G02、G03 开关采集的故障电流数据：故障发生时，G02、G03 开关保护装置同时检测到零序电流，G02 开关零序电流二次值 11.4A（折算为一次值约为 228.0A），G03 开关零序电流二次值 11.3A（折算为一次值约为 226.0A）。2020 年 7 月 7 日八路公用柜采集的故障电流数据见表 7-3。由表 7-3 中数据可判断故障类型为 A 相单相接地故障。

表 7-3　　　　　2020 年 7 月 7 日八路公用柜采集的故障电流数据

名称	二次值	变比	一次值	单位	时间
G02 开关 I_a 电流	2.483	120	298.0	A	23：38：48：806
G02 开关 I_b 电流	0.56	120	67.2	A	23：38：48：806
G02 开关 I_c 电流	0.475	120	57.0	A	23：38：48：806
G02 开关 I_0 电流	11.4	20	228.0	A	23：38：48：806
G03 开关 I_a 电流	2.475	120	297.0	A	23：38：48：806
G03 开关 I_b 电流	0.63	120	75.6	A	23：38：48：806
G03 开关 I_c 电流	0.51	120	61.2	A	23：38：48：806
G03 开关 I_0 电流	11.3	20	226.0	A	23：38：48：806

（三）和丰尔 K01 开关保护数据分析

调取和丰尔 K01 开关采集的故障电流数据，故障电流见表 7-4，其中零序电流为 13.36A（折算为一次值为 267.2A）。从保护装置记录的数据（见表 7-4）可以判断，故障类型为 A 相单相接地故障。

表 7-4　　　　　2020 年 7 月 7 日和丰尔 K01 开关采集的故障电流数据

名称	二次值	变比	一次值	单位	时间
I_a 电流	2.893	120	347.2	A	23：38：48：100
I_b 电流	0.721	120	86.5	A	23：38：48：100
I_c 电流	0.65	120	78.0	A	23：38：48：100
I_0 电流	13.36	20	267.2	A	23：38：48：100

（四）合聚 K01 开关保护数据分析

调取合聚 K01 开关采集的故障电流数据，故障电流见表 7-5，其中零序电流为 1.92A（折算为一次值为 38.4A）。从保护装置记录的数据可以判断，故障类型为 A 相单相接地故障。

表 7-5　　　　　2020 年 7 月 7 日合聚 K01 开关采集的故障电流数据

名称	二次值	变比	一次值	单位	时间
I_a 电流	0.445	120	53.4	A	23：38：48：782
I_b 电流	0.136	120	16.3	A	23：38：48：782

续表

名称	二次值	变比	一次值	单位	时间
I_c 电流	0.117	120	14.0	A	23：38：48：782
I_0 电流	1.92	20	38.4	A	23：38：48：782

（五）锁定故障点位置

1. 中性点经小电阻接地电网特征

GM 站 F69 所在的配电网为中性点经小电阻接地系统。在小电阻接地系统中，当正常运行或三相短路时，由于三相电压和电流是对称的，故线路中无零序电压和零序电流。当线路发生单相接地故障时，线路零序等效网络如图 7-2 所示。

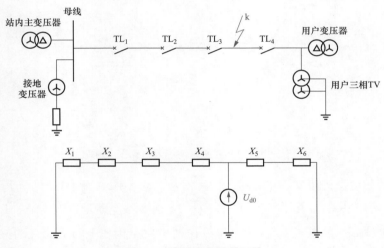

图 7-2 线路零序等效网络

此时系统中出现零序电压和零序电流，在故障点处零序电压最高，沿线路两侧逐渐降低，中性点接地点处零序电压降为 0V。因此，可以认为在故障点处有一个零序电压源 U_{d0}，零序电流是由零序电压源 U_{d0} 产生的，经中性点构成回路，零序电压分布如图 7-3 所示。

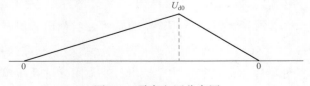

图 7-3 零序电压分布图

2. 零序网络

GM 站 F69 位于 GM 站 10kV 的 3M 上，采用单母分段接线形式，母线上接地变压器中性点经小电阻接地，共有 10kV 出线 11 回。GM 站 F69 为架空、电缆混合线路；用户变压器高压侧为三角形接线，中性点不接地；少量用户的电压互感器为三相 TV，其中性点直接接地。发生单相接地故障时零序网络等效电路如图 7-4 所示。

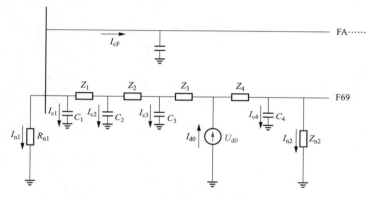

图 7-4 零序网络等效电路图

由等效电路图可知，单相接地故障时故障点零序电流 $I_{d0} = I_{c1} + I_{c2} + I_{c3} + I_{c4} + I_{cF} + I_{n1} + I_{n2}$，其中 I_{c1}、I_{c2}、I_{c3}、I_{c4} 为本线路对地电容电流，I_{cF} 为 3M 线上其他线路电容电流，I_{n1} 为接地变压器中性点接地电阻上流过的电流，I_{n2} 为用户的等效三相 TV 中性点阻抗上流过的电流。由此可知，由于线路对地电容电流的存在，故障点处零序电流最大，越远离故障点处零序电流越小。

3. 确定故障位置

根据保护装置记录的故障电流数据，合 GE 线 K01 开关处零序电流为 225.7A，八路公用柜 G02、G03 开关处零序电流分别为 228、226A，和丰尔 K01 开关处零序电流为 267.2A，合聚 K01 开关处零序电流为 38.4A，且都为单相接地故障。和丰尔 K01 开关处零序电流最大，且向电源侧及负荷侧零序电流逐渐减小，和丰尔 K01 开关处采集的零序电流约等于八路公用柜 G03 开关和合聚 K01 开关处零序电流之和，由中性点经小电阻接地系统单相接地故障电流分布模型可判断，故障点离和丰尔 K01 开关的电气距离最近。

（六）避雷器试验

通过对故障数据的分析并结合现场设备的观测，初步怀疑故障点位于和丰尔 K01 开关附近的避雷器、绝缘子等设备。停电更换和丰尔 K01 开关电源侧和负荷侧避雷器，现场检查避雷器外观完好，无破损，无明显击穿痕迹，用绝缘电阻表摇测绝缘电阻均在 1000MΩ 以上。委托检测机构对更换下来的避雷器做试验检测，试验结果见表7-6。其中，U_{1mA} 为 1mA 直流参考电流下的直流电压值，$I_{75\%U1mA}$ 为 $75\%U_{1mA}$ 下的直流泄漏电流。

表 7-6　　　　　　　　　　　避 雷 器 试 验 结 果

序号	安装位置	型号	检测项目	试验标准	实测值	检测结论
1	和丰尔 K01 开关电源侧 A 相	HY5WS1-17/50	U_{1mA}	≥25.0kV	26.7kV	符合标准值
			$I_{75\%U1mA}$	≤50μA	3.1μA	符合标准值
			局部放电试验	14.28kV 时局部放电量小于或等于 10pC。	1.58pC	符合标准值
2	和丰尔 K01 开关电源侧 B 相	HY5WS1-17/50	U_{1mA}	≥25.0kV	27.3kV	符合标准值
			$I_{75\%U1mA}$	≤50μA	3.1μA	符合标准值
			局部放电试验	14.28kV 时局部放电量小于或等于 10pC	23.1pC	不符合标准值
3	和丰尔 K01 开关电源侧 C 相	HY5WS1-17/50	U_{1mA}	≥25.0kV	26.9kV	符合标准值
			$I_{75\%U1mA}$	≤50μA	3.3μA	符合标准值
			局部放电试验	14.28kV 时局部放电量小于或等于 10pC	1.54pC	符合标准值
4	和丰尔 K01 开关负荷侧 A 相	HY5WS1-17/50	U_{1mA}	≥25.0kV	3.3kV	不符合标准值
			$I_{75\%U1mA}$	≤50μA	6.4μA	符合标准值
			局部放电试验	14.28kV 时局部放电量小于或等于 10pC	1.52pC	符合标准值
5	和丰尔 K01 开关负荷侧 B 相	HY5WS1-17/50	U_{1mA}	≥25.0kV	27.0kV	符合标准值
			$I_{75\%U1mA}$	≤50μA	6.4μA	符合标准值
			局部放电试验	14.28kV 时局部放电量小于或等于 10pC	25.2pC	不符合标准值

续表

序号	安装位置	型号	检测项目	试验标准	实测值	检测结论
6	和丰尔 K01 开关负荷侧 C 相	HY5WS1-17/50	U_{1mA}	$\geqslant 25.0kV$	27.0kV	符合标准值
			$I_{75\%U1mA}$	$\leqslant 50\mu A$	3.1μA	符合标准值
			局部放电试验	14.28kV 时局部放电量小于或等于 10pC	1.36pC	符合标准值

根据试验结果，和丰尔 K01 开关负荷侧 A 相避雷器 1mA 直流参考电流下的直流电压为 3.3kV，小于标准值 25.0kV。据此判断，该避雷器 U_{1mA} 下降是引起此次线路跳闸的直接原因。更换该避雷器后，该线路运行情况良好，2 年未发生跳闸。

三、分析总结

该案例根据配电网线路实际接线，绘制中性点经小电阻接地系统中发生单相接地故障时零序网络等效电路，基于零序电压及零序电流分布模型，并结合保护装置录波数据，最终缩小故障排查范围，通过试验挖掘出了有隐性故障的避雷器，为配电网故障查找提供了一种新思路。

案例 8：110kV XZM 站 10kV 楼 GE 线 F18 站外保护装置误动作分析

摘要：该案例通过分析跳闸开关保护动作记录及本线路其他开关保护动作情况，结合现场检查，判断此次跳闸是因为电缆屏蔽层接地线与零序电流互感器相对位置安装错误造成的开关零序保护装置误动作。

一、故障回顾

2020 年 7 月 5 日 12：09：09，110kV XZM 站 10kV 楼 GE 线公用柜 B 的 604 断路器开关零序保护动作于跳闸，现场测试跳闸断路器开关后端绝缘值合格，确认具备送电条件后于 12：45：00 恢复供电，该线路运行方式见图 8-1。

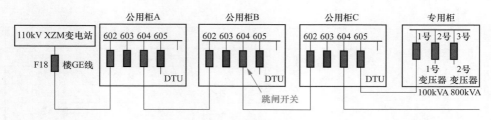

图 8-1 线路运行方式

该线路为纯电缆线路，所属变电站的接地方式为经小电阻接地，10kV 楼GE 线公用柜 B 的 604 断路器整定设置如下：未投重合闸，零序电流保护整定值为 40A，0.65s，使用外接零序电流互感器来采集零序电流，零序电流互感器变比为 100/5。

二、故障分析

（一）数据分析

调取公用柜 B 的 604 断路器 SOE 记录（见表 8-1），根据 SOE 记录发现该断路器零序保护分别于 12：09、12：27 动作了两次。

表 8-1 　　　　　　　7 月 5 日公用柜 B 的 604 断路器保护动作记录

动作	时间	事件描述/变位信息	
零序保护 第一次动作	12：09：07：000	整组启动	
	12：09：07：658	断路器零序过电流 Ⅰ 段动作	
		母线保护 A 相电压	10280.82V
		母线保护 B 相电压	10141.21V
		母线保护 C 相电压	10421.13V
		断路器保护 A 相电流	77.76A
		断路器保护 B 相电流	78.24A
		断路器保护 C 相电流	78.48A
		断路器保护外接零序电流	42.42A
	12：09：07：658	断路器开关出口动作	
	12：09：07：956	断路器合位	1→0
	12：09：07：965	断路器分位	0→1

续表

动作	时间	事件描述/变位信息	
零序保护 第二次动作	12：27：46：000	整组启动	
	12：27：46：654	断路器零序过电流Ⅰ段动作	
		母线保护 A 相电压	10240.26V
		母线保护 B 相电压	10149.52V
		母线保护 C 相电压	10400.31V
		断路器保护 A 相电流	0.16A
		断路器保护 B 相电流	0.12A
		断路器保护 C 相电流	0.00A
		断路器保护外接零序电流	45.24A
	12：27：46：654	断路器开关出口动作	

第一次保护动作：12：09 零序保护出口动作，断路器合闸位置开入量由 1 变为 0，9ms 后分闸位置开入量由 0 变为 1，表明断路器开关由合闸位置变为分闸位置，并由故障录波图（见图 8-2）可以看出，跳闸前，三相电流、电压平衡，电流无突增、电压无骤降现象。

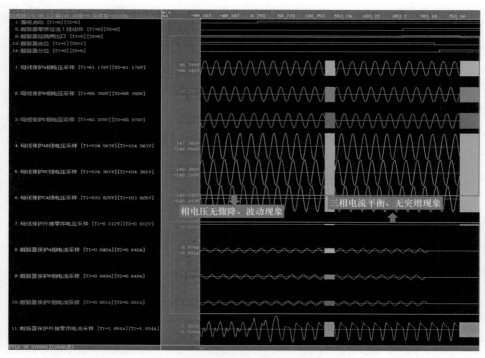

图 8-2　12：09 跳闸时 604 断路器故障录波图（二次值）

第二次保护动作：12：27零序保护第二次动作，断路器此时已经处于分闸位置，三相电流为零（见表8-1）。经过调取该线路所有自动化开关设备保护装置在事件发生前后的数据，发现除了公用柜B的604断路器开关外，其他自动化开关设备均未检测到零序电流（见图8-3）。

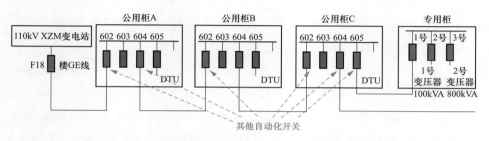

图8-3　该线路上其他自动化开关设备均无零序电流记录

再次对线路进行局部放电、测温等巡视工作，未发现一次设备异常情况。进一步对跳闸的断路器进行停电检查，对其保护装置及整定值进行检查未发现异常情况。

对二次回路接线正确性进行检查时发现公用柜B的604断路器单元的电缆屏蔽层接地线安装方式不正确（见图8-4），即电缆屏蔽层接地线从零序电流互感器下方回穿至零序电流互感器上方后再接地。现场对接线方式进行了整改，即位于零序电流互感器下方的电缆屏蔽层接地线不须回穿至零序电流互感器上方，电缆屏蔽层接地线直接在零序电流互感器下方接地。

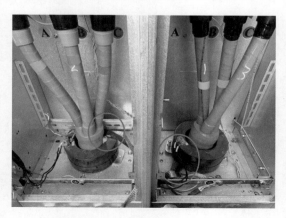

图8-4　该断路器单元错误接法（左）及正确接法（右）

（二）原理分析

中性点经小电阻接地的配电网，正常运行时三相电压对称，三相对地有相同的等效电容 C_0，在相电压的作用下，每相都有一个超前相电压 90°的电容电流，三相电容电流之和为零。当发生单相接地故障时，故障相故障点对地电压约为零，非故障相对地电压约为正常时的 $\sqrt{3}$ 倍，流过故障点的电流为全系统电容电流与流过接地变压器的零序电流的相量和。

小电阻接地系统单相接地时零序电流流向示意图见图 8-5，在小电阻接地配电网系统中，馈线 I 的 C 相发生接地故障，C 相绝缘层被击穿，与屏蔽接地层形成接地短路，导致 C 相电压为零，若忽略负荷电流和电容电流在线路阻抗上的电压，则全系统 C 相电压为零，C 相电容电流也为零，即馈线 I 和馈线 II 的 C 相电容电流均为零。非故障相——A 相、B 相中流有其本身的电容电流 $\dot{I}_{A1}$、$\dot{I}_{A2}$、$\dot{I}_{B1}$ 和 $\dot{I}_{B2}$，其中非故障线路的 $\dot{I}_{A2}$ 和 $\dot{I}_{B2}$ 以及流过接地变压器的零序电流通过地、电缆屏蔽层的接地线流入馈线 I 的接地点，所以 C 相的接地点处将流回全系统所有馈线的非故障相对地电容电流与流过接地变压器的零序电

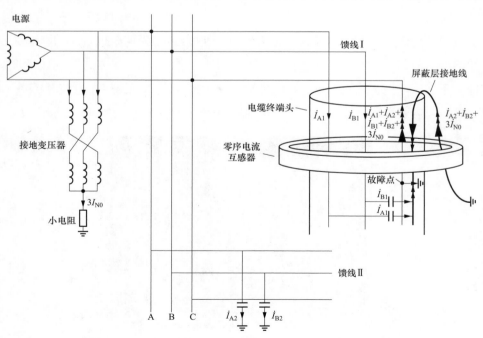

图 8-5 小电阻接地系统单相接地时零序电流流向示意图

流的相量和——$\dot{I}_{A1}+\dot{I}_{A2}+\dot{I}_{B1}+\dot{I}_{B2}+3\dot{I}_{N0}$，因此零序电流互感器处检测到的零序电流为全系统非故障线路（馈线Ⅱ）对地电容电流与流过接地变压器的零序电流的相量和——$\dot{I}_{A2}+\dot{I}_{B2}+3\dot{I}_{N0}$，即屏蔽层接地线中流过的电流，因此屏蔽层接地线对于零序电流保护起到至关重要的作用。

10kV 电缆金属屏蔽层通常采用两端直接接地的方式，本文中设零序 TA 检测到的电流为 $\dot{I}_{TA}$，设电缆屏蔽层接地线受到干扰磁通影响产生的环流为 $\dot{I}_1 \neq 0$，设电流方向从页面上方往页面下方为正方向。

（1）正常运行情况下，三相电容电流平衡 $\dot{I}_{A1}+\dot{I}_{B1}+\dot{I}_{C1}=0$。若电缆屏蔽层接地线安装方式不正确（如图 8-6 中接法一、接法三），即电缆屏蔽层接地线在零序 TA 中穿过一次或三次，在接法一中零序 TA 检测到的 $\dot{I}_{TA}=\dot{I}_{A1}+\dot{I}_{B1}+\dot{I}_{C1}-(\dot{I}_{A1}+\dot{I}_{B1}+\dot{I}_{C1})-\dot{I}_1+\dot{I}_1-\dot{I}_1+(\dot{I}_{A1}+\dot{I}_{B1}+\dot{I}_{C1})-(\dot{I}_{A1}+\dot{I}_{B1}+\dot{I}_{C1})=-\dot{I}_1 \neq 0$，在接法三中零序 TA 检测到的 $\dot{I}_{TA}=\dot{I}_{A1}+\dot{I}_{B1}+\dot{I}_{C1}-\dot{I}_1=-\dot{I}_1 \neq 0$，当 $\dot{I}_{TA}$ 大于零序保护整定值时，则零序保护在线路无故障时动作跳闸；若电缆

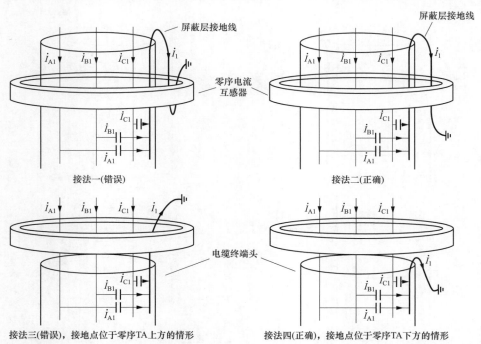

图 8-6　电缆屏蔽层接地线的四种安装方式示意图（正常运行时）

屏蔽层接地线安装正确（如图 8-6 中接法二、接法四），即电缆屏蔽层接电线在零序 TA 中穿过零次或两次，在接法二中零序 TA 检测到 $\dot{I}_{TA} = \dot{i}_{A1} + \dot{i}_{B1} + \dot{i}_{C1} + \dot{i}_1 - \dot{i} = 0$，在接法四中 $\dot{I}_{TA} = \dot{i}_{A1} + \dot{i}_{B1} + \dot{i}_{C1} = 0$，因此零序保护在线路无故障时不会动作跳闸。

（2）当线路上发生单相接地故障时，电缆绝缘层被击穿，线芯导体与电缆屏蔽层短路，形成对地故障，若电缆屏蔽层接地线安装不正确（如图 8-7 中接法一、接法三），则零序电流互感器 TA 检测到的电流 $\dot{I}_{TA} = 0$，使得零序保护不能正确动作（拒动）。在接法一中零序 TA 检测到的 $\dot{I}_{TA} = \dot{i}_{A1} + \dot{i}_{B1} - (\dot{i}_{A1} + \dot{i}_{B1}) + 2(\dot{i}_{A2} + \dot{i}_{B2} + 3\dot{I}_{N0}) - 2(\dot{i}_{A2} + \dot{i}_{B2} + 3\dot{I}_{N0}) = 0$，在接法三中零序 TA 检测到的 $\dot{I}_{TA} = \dot{i}_{A1} + \dot{i}_{B1} - (\dot{i}_{A1} + \dot{i}_{B1}) + (\dot{i}_{A2} + \dot{i}_{B2} + 3\dot{I}_{N0}) - (\dot{i}_{A2} + \dot{i}_{B2} + 3\dot{I}_{N0}) = 0$，零序保护在线路发生故障时拒绝动作；若电缆屏蔽层接地线安装正确（如图 8-7 中接法二、接法四），在接法二中零序 TA 检测到的 $\dot{I}_{TA} = \dot{i}_{A1} + \dot{i}_{B1} - (\dot{i}_{A1} + \dot{i}_{B1}) - 2(\dot{i}_{A2} + \dot{i}_{B2} + 3\dot{I}_{N0}) + (\dot{i}_{A2} + \dot{i}_{B2} + 3\dot{I}_{N0}) = -(\dot{i}_{A2} + \dot{i}_{B2} + 3\dot{I}_{N0})$，在接法

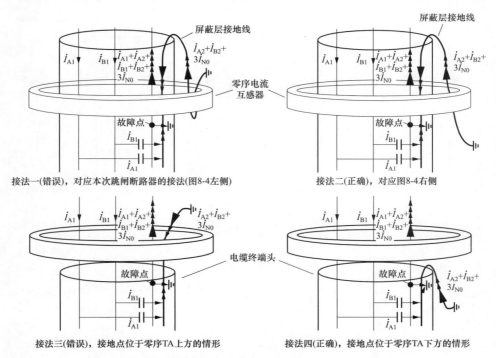

接法一(错误)，对应本次跳闸断路器的接法(图8-4左侧)　　接法二(正确)，对应图8-4右侧

接法三(错误)，接地点位于零序TA上方的情形　　接法四(正确)，接地点位于零序TA下方的情形

图 8-7　电缆屏蔽层接地线的四种安装方式示意图（单相接地时）

三中零序 TA 检测到的 $\dot{I}_{TA}=\dot{I}_{A1}+\dot{I}_{B1}-(\dot{I}_{A1}+\dot{I}_{B1})-(\dot{I}_{A2}+\dot{I}_{B2}+3\dot{I}_{N0})=-(\dot{I}_{A2}+\dot{I}_{B2}+3\dot{I}_{N0})$，零序保护能在线路故障时正确动作。

此次跳闸事件中公用柜 B 的 604 断路器单元电缆屏蔽层接地线与零序 TA 相对位置与图 8-6 及图 8-7 中的接法三对应，在线路无故障时零序 TA 检测到的电流 $\dot{I}_{TA}=-\dot{I}_1\neq0$ 是导致零序保护误动作的直接原因。

三、分析总结

电缆屏蔽层接地线与零序电流互感器相对位置安装错误会导致零序保护误动作或拒绝动作，因此对于运行维护人员，应把握好电缆终端屏蔽接地线与零序 TA 的正确位置的验收关：即当电缆屏蔽层接地线位于零序 TA 上方时，接地线应回穿至零序 TA 下方进行接地，如图 8-7 中接法二；当电缆屏蔽层接地线在零序 TA 下方时，电缆屏蔽层接地线直接在零序 TA 下方接地，如图 8-7 中接法四，这样才能使零序 TA 不受电缆屏蔽层中因干扰磁通产生的环流影响，正确地感应出三相不平衡电流，以供继电保护装置采样、计算。用一句话来总结就是电缆屏蔽层接地线穿越零序 TA 时，只能穿越零次或两次。

此外，须注意检查零序 TA 二次侧要一点可靠接地，在确保安全的同时，二次侧零序电流回路不会分流，使继电保护装置检测到的电流完全等于零序 TA 二次侧感应输出的电流。

案例 9：SMP 供电公司 10kV 镇 ZZ 线频繁跳闸案例分析

摘要： 该案例在剔除干扰数据的影响并确认断路器开关动作特性正确后，依据故障时电流电压特征直接判断保护动作行为正确、跳闸停电线路存在故障电气设备。

一、故障回顾

（1）2019 年 6 月 SMP 供电公司 220kV 稳 D 变电站 10kV 镇 ZZ 线 F09 出线第一级 K01 开关共计跳闸 3 次，详情见表 9-1。

表 9-1   K01 开关保护动作信息

跳闸次数	时间	保护自动化装置记录情况（二次值）
1	2019 年 6 月 20 日 21：58：07	过电流速断动作、故障电流 A 相 51.086A、B 相 52.458A、C 相 49.754A、零序 5.097A
2	2019 年 6 月 21 日 19：47：57	过电流速断动作、故障电流 A 相 35.51A、B 相 35.021A、C 相 32.556A、零序 0.868A
3	2019 年 6 月 29 日 14：47：38	过电流速断动作、故障电流 A 相 52.002A、B 相 52.378A、C 相 49.347A、零序 0.865A

2019 年 6 月 20 日 21：58：07 稳 D 变电站 10kV 镇 ZZ 线 F09 出线 K01 开关速断保护动作，经摇测线路绝缘值合格后于 2019 年 6 月 20 日 23：10：10 K01 开关转为运行，恢复原方式供电。

2019 年 6 月 21 日 19：47：57 稳 D 变电站 10kV 镇 ZZ 线 F09 出线 K01 开关速断保护动作，经摇测线路绝缘值合格后于 2019 年 6 月 21 日 20：22：55 恢复供电。

2019 年 6 月 29 日 14：47：38 稳 D 变电站 10kV 镇 ZZ 线 F09 出线 K01 开关速断保护动作，经摇测线路绝缘值合格后于 2019 年 6 月 29 日 16：15：07 恢复供电。

（2）10kV 镇 ZZ 出线站外第一级 K01 开关频繁跳闸电气连接点，见图 9-1。

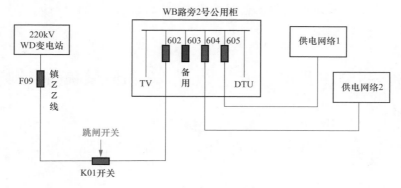

图 9-1 10kV 镇 ZZ 线接线图

K01 开关设备信息：珠 HXG 电气有限公司 F 某-113 永磁成套开关设备，产品编号为 1707018216、配置代码为 KEG（101）、电源电压为 AC 220V、TA 变比为 600/5，零序 TA 变比为 100/5、软件识别码为 31×××、软件版本号为×.××、制造日期为 2017 年 7 月。

二、故障分析

（一）设备情况

10kV 镇 ZZ 线路带电缆 5.42km、绝缘导线 0.85km、裸导线 0.22km，带 14 台专用变压器、10 台公用变压器运行，容量 13045kVA。

（二）故障前负荷情况

6 月 20 日 00：00 至故障前负荷存现明显的阻感特性（见图 9-2），功率因数大于 0.95（见图 9-3）。

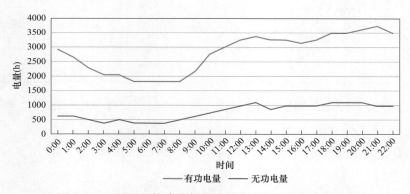

图 9-2　6 月 20 日故障前每小时有功功率、无功功率曲线

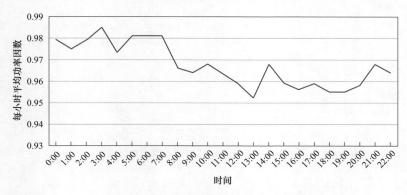

图 9-3　6 月 20 日故障前每小时功率因数曲线

（三）数据分析

1. 第一次跳闸数据分析

K01 开关自动化终端为数字模拟保护，故障信息为离散的数据，整理 K01

开关自动化终端记录模拟量后，整理出第一次跳闸数据分析数据表，见表9-2。

表 9-2 第一次跳闸数据分析表

项目	对应时刻采样值						计量单位
I_a 电流	30.911	42.716	53.142	51.086	40.618	0	A
I_b 电流	50.434	51.036	53.494	52.458	26.873	0.024	A
I_c 电流	16.114	35.6	51.817	49.754	38.01	0.18	A
I_0 电流	6.905	4.84	5.106	5.097	3.824	0.019	A
线电压 U_{ab}	202.53	190.59	160.31	159.48	181	232.68	V
有功功率 P	−2825.6	−1135.6	100.2	301	1082.1	0	W
无功功率 Q	3276.7	3276.7	3276.7	3276.7	3276.7	0	var
功率因数 C_{os}	−0.451	−0.139	0.011	0.036	0.147	0	
时间（计时起点 21：58：07）	743	749	767	785	818	833	ms

根据表 9-1 可清晰知道：故障过程无功功率恒定，有功功率数值和方向都发生了变化，2019 年 6 月 20 日 21：58：07：743 和 2019 年 6 月 20 日 21：58：07：767 记录的有功功率为负值，表明负荷侧向变电站方向提供了有功功率，见图 9-4。

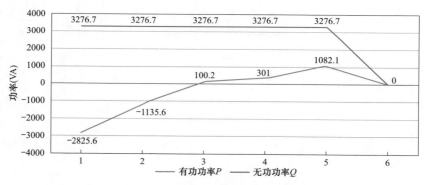

图 9-4 第一次跳闸功率记录数据变化图

进一步结合 K01 开关遥信记录修正，见表 9-3。

表 9-3 计入开关量的第一次开关跳闸数据表

项目	对应时刻采样值						计量单位
I_a 电流	30.911	42.716	53.142	51.086	40.618	0	A
I_b 电流	50.434	51.036	53.494	52.458	26.873	0.024	A

续表

项目	对应时刻采样值						计量单位
I_c 电流	16.114	35.6	51.817	49.754	38.01	0.18	A
I_0 电流	6.905	4.84	5.106	5.097	3.824	0.019	A
线电压 U_{ab}	202.53	190.59	160.31	159.48	181	232.68	V
有功功率 P	−2825.6	−1135.6	100.2	301	1082.1	0	W
无功功率 Q	3276.7	3276.7	3276.7	3276.7	3276.7	0	var
功率因数 C_{os}	−0.451	−0.139	0.011	0.036	0.147	0	
时间（计时起点 21：58：07）	743	749	767	785	818	833	ms
开入量	—	—	—	保护动作发跳闸令	K01 开关分闸位置	—	—

根据表 9-3，发现一系列重大问题：保护在 785ms 发出跳闸令后，理论上永磁开关在 803ms 应该完全分闸熄弧，即使将永磁开关的性能降低到弹簧操作开关的性能来考虑 K01 开关也应该在 815ms 时完全熄弧，但 818ms 时既收到 K01 开关分闸位置开入量同时又测量到 A 相 40.618A、B 相 26.873A、C 相 38.01A、零序 3.824A 的电流值。

2. 第二次跳闸数据分析

整理 K01 开关终端记录模拟量后并结合遥信量后，整理出第二次跳闸数据，数据分析见表 9-4。

表 9-4　　　　　　　　　　　第二次跳闸数据分析表

项目	对应时刻采样值							计量单位
I_a 电流	2.579	26.65	39.392	35.51	19.614	1.023	0	A
I_b 电流	20.249	42.438	40.962	35.021	23.694	2.362	0	A
I_c 电流	1.147	13.321	17.754	32.556	15.119	0	0	A
I_0 电流	17.249	20.287	14.224	0.868	2.397	1.351	0	A
线电压 U_{ab}	202.6	138.86	122.34	110.34	129.09	148.44	152.32	V
有功功率 P	233.8	263.1	171.3	307.1	−726.7	−150.3	0	W
无功功率 Q	467.4	3276.7	3276.7	3276.7	2425.3	−22.1	0	var
功率因数 C_{os}	0.447	0.071	0.035	0.078	−0.287	−0.989	0	
时间（计时起点 19：47：57）	409	422	428	476	508	518	524	ms
开入量	—	—	—	保护动作发跳闸令	K01 开关分闸	—	—	—

根据表 9-2 可清晰知道：故障过程无功功率一直为正值，有功功率数值和方向都发生了变化（先正后负），表明先由变电站向负荷侧提供有功功率，然后转为由负荷侧向变电站方向提供有功功率，如图 9-5 所示。

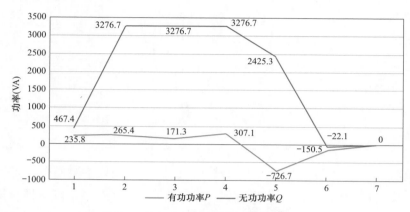

图 9-5　第二次跳闸功率记录数据变化图

同时进一步分析表 9-2，发现保护发出跳闸令后 K01 开关应该在 494ms 分闸熄弧，而至 508ms 时 K01 开关收到分闸位置开入量的同时又能测量到 A 相 19.614A、B 相 23.694A、C 相 15.119A、零序 2.397A 的电流值。

并且在 K01 开关分闸 10ms 后的 518ms 还能测量到 A 相 1.023A（对应一次电流 122.76A）、B 相 2.362A（对应一次电流 283.44A）、C 相 0A、零序 1.351A（对应一次电流 27.02A）。

3. 第三次跳闸数据分析

整理 K01 开关终端记录模拟量后并结合遥信量后，整理出第三次跳闸数据，数据分析见表 9-5。

表 9-5　　　　　　　　　　　　　第三次跳闸数据分析表

项目	对应时刻采样值									计量单位
I_a 电流	17.92	41.458	52.869	52.002	46.452	0.816	0.34	0.007	0	A
I_b 电流	19.286	38.901	42.538	52.378	45.678	0.009	0	0	0	A
I_c 电流	4.397	33.392	43.198	49.347	26.207	0	0	0	0	A
I_0 电流	14.881	12.179	10.474	0.865	2.861	0.793	0.333	0	0	A
线电压 U_{ab}	207.67	165.26	160.66	161.62	181.79	229.18	229.56	235.12	235.78	V

续表

项目	对应时刻采样值									计量单位
有功功率 P	2126.4	1848.3	1724	590.7	−1447.6	−47	−48.6	0	0	V
无功功率 Q	3053.8	3276.7	3276.7	3276.7	3276.7	181	−61	0	0	var
功率因数 C_{os}	0.571	0.269	0.203	0.07	−0.171	−0.251	−0.623	0	0	
时间（计时起点 6 月 29 日 14：47：38）	653	665	671	707	740	755	762	908	972	ms
开入量	—	—	—	保护动作发跳闸令	K01 开关分闸	—	—	—	—	—

根据表 9-5 可清晰知道：故障过程无功功率一直为正值但开关分闸后的 22ms 变为负值，有功数值和方向都发生了变化，先正后负且在 K01 开关分闸时及 22ms 时计算功率为负值，表明先由变电站向负荷侧提供有功功率，然后转为由负荷侧向变电站方向提供有功功率，见图 9-6。

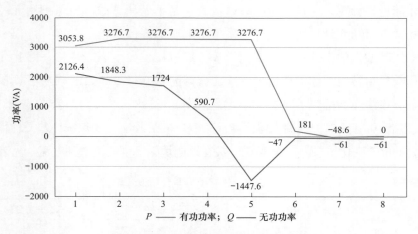

图 9-6　第三次跳闸功率记录数据变化图

同时进一步分析表 9-5，发现在 2019 年 6 月 29 日 14：47：38：707 保护发出跳闸令后 K01 开关应该在 725ms 分闸熄弧，而至 740ms 时 K01 开关收到分闸位置开入量的同时又能测量到 A 相 46.452A、B 相 45.678A、C 相 26.207A、零序 2.861A 的电流值。

并且在 K01 开关分闸 15ms 后的 755ms 还能测量到 A 相 0.816A（对应一次电流 97.92A）、B 相 0.009A、C 相 0A、零序 0.793A（对应一次电流

27.02A)。

4. 数据综合分析

（1）功率因数值差异分析。2019 年 6 月 20 日 15：24：12：717，K01 开关保护终端记录计算功率因数为 0.667 且无功功率数值大于有功功率数值；而 20 日故障前 F09 关口计量表计记录的功率换算的功率因数大于 0.95，两值存在差异较大 0.95－0.667＝0.283。故障前 K01 开关保护记录功率及功率因数见表 9-6。

表 9-6 故障前 K01 开关保护记录功率及功率因数

K01 开关保护终端记录时刻 2019 年 6 月 20 日 15：24：12：717	有功功率 P	237.9W
	无功功率 Q	265.2var
	功率因数	0.667

功率因数值的差异如何理解呢？K01 开关处终端采集的是一线电压和三相电流，因此无论是采用两表法还是三表法计算功率时都要将采样值进行等效折算后才能进行计算，一旦发生故障计量表计是不做计算的，但保护用 TA 是可以采样并进行功率计算的；故障后发生了电压的降低过程，在这一过程中采集到的电压其虚拟的中性点不断变化导致折算电压也发生不断位移，因此计算出的功率会发生转向。综上所述，本终端计算的功率对于故障的判断不具备实际意义，故不能作为故障的判据。

（2）K01 开关保护终端采样值异常分析。根据 K01 开关保护终端采样值记录及开关量位置变化记录，三次 K01 开关在跳闸熄弧后都能测量到电流，见表 9-7。

表 9-7 保护终端采样值异常分析表

跳闸次数	第一次开关分闸		第二次开关分闸		第三次开关分闸	
电流	记录值	对应一次电流	记录值	对应一次电流	记录值	对应一次电流
I_a 电流	40.618A	4.874kA	19.614A	2.354kA	46.452A	5.574kA
I_b 电流	26.873A	3.224kA	23.694A	2.843kA	45.678A	5.481kA
I_c 电流	38.01A	4.561kA	15.119A	1.814kA	26.207A	3.145kA
I_0 电流	3.824A	76.48A	2.397A	239.7A	2.861A	57.22A
时间	6 月 20 日 21：58：07：818		6 月 21 日 19：47：57：508		6 月 29 日 14：47：38：740	
开入量	K01 开关分闸位置		K01 开关分闸位置		K01 开关分闸位置	

K01 开关熄弧分闸后记录的最高电流值是第三次跳闸熄弧后的 A 相

5.57kA，记录的最小值是第二次跳闸熄弧后的 C 相 1.81kA。

为判断开关设备熄弧后 K01 开关保护终端继续能采样到电流数值是否合理进行了仿真试验。

图 9-7 为仿真试验采样电流、采样点、程序断点（设在检测到断路器开关分位的时刻），波形见图 9-7。

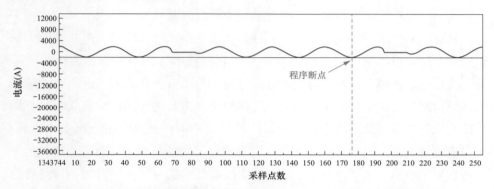

图 9-7 检测到断路器开关分位时刻电流波形（红色坐标表示当前采样点）

由仿真波形可知开关设备分闸后保护自动化终端仍能采集到一段时间的波形，究其原因是虽然 TA 一次电流已消失但二次绕组与采样 TA 一次侧构成的闭合回路还要经过一段放电时间才能将能量释放完，其时长取决于电路的放电常数"τ"。综上分析可知开关设备分闸位置后自动化终端仍能采集到一定的电流为正常现象。

（3）开关设备动作特性异常分析。综合三次跳闸数据发现，第一次和第三次断路器开关分闸时长为 33ms，第二次断路器开关分闸时长为 32ms，此次跳闸的 K01 开关为永磁断路器，供电公司技术标书对永磁断路器要求的分闸时间为不大于 15ms。

在静态保护技术标准中规定激励输入与响应输出的时间不能大于 10ms。实际运行的保护装置收到分闸位置的开入经历三个过程，其一为保护发出跳闸命令后的保护装置响应过程（不能大于 10ms）、其二为保护输出跳闸节点到断路器开关分闸（永磁断路器不能大于 15ms）、其三为断路器开关分闸后其辅助触点输入至保护装置开入采样记录时间（不能大于 10ms），理论上 3 段时间相加为分闸时间不能大于 35ms。综合镇 ZZ 线 F09 出线第一级 K01 开关 3 次跳闸时间都未大于 35ms，表明 F09 出线第一级 K01 开关的特性正常。

三、分析总结

剔除功率因数值不具有故障判断参考价值，综合考虑断路器开关终端保护采样值在断路器开关分闸后仍能采样是正常现象和断路器开关动作特性正常后，该如何判断是否真的发生了故障，保护的动作行为是否正确呢？应紧紧抓住故障的最根本特征来分析。故障的最根本特征就是故障时电流增量增大（微分为正值）、电压增量减小（微分为负值）。进一步聚焦故障后至断路器开关跳闸前的数据，可以清晰地分析出故障后三相电流增大的过程伴随着电压的降低，因此排除各种干扰因素特别是故障时功率数据的干扰后判定此次查无故障的保护跳闸行为正确，确实存在故障。但随之而来的问题是故障点在哪里？因为此次故障的排查范围都在供电公司的产权范围内，是否有用户设备故障呢？为查清事故真实原因结合营配数据分析后锁定了故障范围并发现了一用户的变压器发生了故障，关于营配数据结合锁定故障范围的分析思路及案例请见后续章节中案例13～15。

案例 10：同母线两回 20kV 配电线路跳闸原因分析

摘要： 该案例分析了两条同母线 20kV 线路跳闸的故障原因，结合故障线路引起的系统非故障相电压升高的特点和无故障线路保护动作情况，排查出 10kV 避雷器错误安装在 20kV 配电线路上的隐患。

一、故障回顾

（一）线路跳闸时序

某日 06：20 左右，松 H 变电站 20kV 1M 母线的两条 20kV 线路即 F29 松 M 二线和 F01 机 F 线均发生线路跳闸，变电站 1 号接地变压器零序保护整组启动，F29 松 M 二线站内断路器开关和 F01 机 F 线的某公用柜 605 开关相继跳闸，见图 10-1。

07：57，值班人员确定 F01 机 F 线查无故障后，向调度申请线路恢复送电。

08：35，值班人员查明 F29 松 M 二线由于电缆遭受外力破坏导致站内断路器开关保护跳闸，隔离故障点后全线绝缘合格，恢复 F29 松 M 二线正常供电。

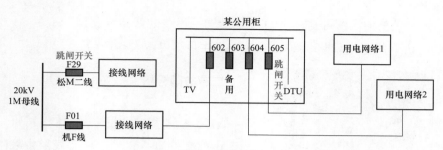

图 10-1 接线图

松 H 变电站 20kV 配电线路 F29 松 M 二线于 2014 年投产运行，纯电缆线路，运行环境良好。线路总长度 6530m，公用柜 4 台，专用柜 4 台，变压器 7 台，总容量 8100kVA，该线路运行历史负荷电流 163A 左右，负载率 40.26%。

松 H 变电站 20kV 配电线路 F01 机 F 线于 2014 年投产运行，纯电缆线路，运行环境良好。线路总长度 5820m，公用柜 8 台，专用柜 0 台，变压器 8 台，其中公用变压器 0 台、专用变压器 8 台，总容量 12100kVA，该线路运行历史负荷电流 142A 左右，负载率 42.56%。

（二）负荷曲线

调度系统运行数据也记录了此次 20kV 配电线路跳闸过程的负荷变化情况，其中，F29 松 M 二线的电流日负荷曲线见图 10-2，F01 机 F 线的日负荷曲线见图 10-3。

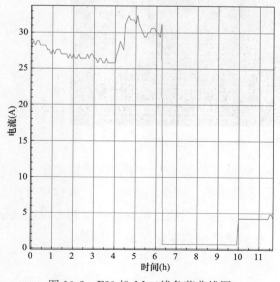

图 10-2 F29 松 M 二线负荷曲线图

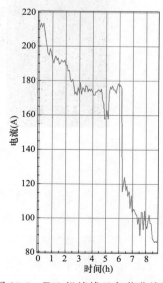

图 10-3 F01 机峰线日负荷曲线图

由日负荷曲线图可知，松 H 变电站同一母线的两条线路即 F29 松 M 二线和 F01 机 F 线于当日 06：20 左右同时发生负荷电流大幅跌落。

图 10-4　配电自动化终端的告警信息

二、故障分析

（一）F29 松 M 二线跳闸事故分析

由前文可知，F29 松 M 二线发生跳闸事故的原因是电缆遭受外力破坏导致站内断路器开关保护跳闸。通过调取现场配电自动化终端的告警信息和故障波形图，见图 10-4 和图 10-5。

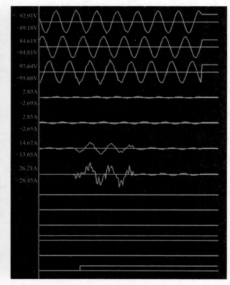

图 10-5　配电自动化终端的故障波形

由图 10-4 和图 10-5 可知，该线路的 C 相发生了故障，保护自动化终端发出了"零序告警，过电流告警"，结合波形图，判定 F29 松 M 二线保护动作原因是外力破坏导致的单相接地故障引起。接地点通过接地变压器和小电阻构成了零序电流回路，产生零序电流，导致该线路的零序保护动作跳闸。

（二）F01 机 F 线跳闸事故分析

由前文可知，F01 机 F 线在未查到故障原因的情况下试送电成功，需进行重点分析。通过调取站外环网柜自动化终端波形图（见图 10-6），该线路的 B 相发生了故障，自动化终端检测到零序电流达 51.2A，超过整定值 50A，故其保护属正确动作。

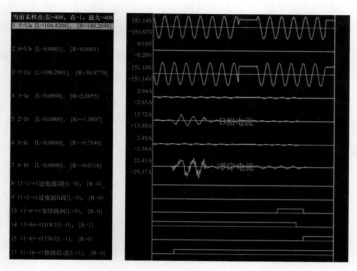

图 10-6　配电自动化终端的故障波形图

设该变电站三相系统的电源电压和电路参数都对称，每相与地之间的分布电容用一个集中电容 C 来表示，线间电容忽略。系统正常运行时，三个相电压 U_A、U_B、U_C 对称，三相的对地电容电流 I_{C0} 也对称，其相量和均为 0，中性点对地电压为 0V，各相对地电压就是相电压。F29 松 M 二线 C 相发生接地故障时，母线 C 相对地电压为母线至故障处压降与接地阻抗压降之和，非接地的 A 相、B 相对地稳态电压均变为线电压 U_{AC}、U_{BC}，电压升高并约为原来的 $\sqrt{3}$ 倍（$U_{AC}=\sqrt{3}U_A$、$U_{BC}=\sqrt{3}U_B$），而且该两相的对地电容电流 I_{CA}、I_{CB} 也相应增大为原来的约 $\sqrt{3}$ 倍。因此 F29 松 M 二线 C 相发生接地故障后导致 F01 机 F 线 B 相电压升高，F01 机 F 线 B 相电压升高后发生了绝缘击穿且绝缘性能在系统电压正常后自动恢复。经查证该线路属于纯电缆线路排除树木触碰等瞬时故障，比对沿线所有保护自动化终端告警和动作记录后，故障范围锁定在某环网柜及其电缆出线间，经反复研判发现故障范围内存在放电间隙击穿电压值与放电时间成伏秒特性的设备仅有避雷器，经现场停电排查，发现该环网柜 3 号开关 B 相避雷器为 YH5WS-17/50 型避雷器。

20kV 配电系统采用的避雷器型号为 YH5WS-34/85，持续运行电压 $U_r=$ 27.2kV；10kV 配电系统采用的避雷器型号为 YH5WS-17/50，持续运行电压 $U_r=13.6$kV。一般情况下 10kV 的系统中，避雷器两端间的最大允许工频电压 U_r 的有效值 13.6kV，系统运行时电压大于 13.6kV 且运行一定时间后避雷器间隙会导通且电压值越高时导通速度越快，配电系统在故障接地瞬间暂态电压是极高的，根据运行数据记录发现单相接地故障稳态时 20kV 配电系统非故障相捕捉到了 17.67kV 的峰值（见图 10-7），图 10-7 显示的是 BC 相高阻接地时保护启动时刻的电压有效值（A 相 17.671kV、B 相 8.93kV、C 相 7.95kV），如发生单相低阻接地时暂态电压会远高于 20kV，如 20kV 配电线路错误安装 10kV 避雷器（型号为 YH5WS-17/50）时能瞬间导通而产生接地电流。

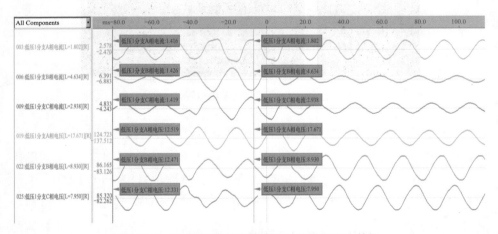

图 10-7　20kV 系统某次故障记录的电压电流数据

综合上述，由于 20kV F01 机 F 线中某环网柜错误安装 10kV 避雷器，当同母线 F29 松 M 二线 C 相发生接地故障时，系统非故障相电压升高引起 F01 机 F 线 10kV 避雷器导通，某公用柜 605 开关零序电流超过整定值时发生断路器开关跳闸。

三、分析总结

配电线路的安全可靠运行直接影响着人民生活和企业生产，所以加强配电线路故障的防控是供电部门的工作重点。本文深入剖析 20kV 同母配电线路跳闸事故原因，判定直接原因为外力破坏和避雷器选型错误。结合实际工作情况，针对该事故提出了防范措施。

（1）针对外力因素引起的配电线路故障问题，应坚持从"事后处理"向"事前防范"转变的工作思路，建立健全防外力主动防御机制、强化政企协同联动、加强管线单位协作、提升智能技术应用等措施强化外力破坏管控工作。

（2）针对避雷器选型错误，应严控试验报告的审查以及设备入网关，在竣工验收时重点检查避雷器额定电压等级。

（3）从设计上明确区分 10kV 和 20kV 电压等级避雷器，避免安装时不同电压等级避雷器交叉使用。

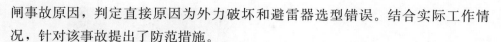

案例 11：关于某城市配电网保护用电流互感器存在的隐患分析及反事故措施

摘要： 该案例从两条馈线的两次保护拒动的电流数据中分析出某电气有限公司 XXCT-24 型电流互感器存在质量缺陷，同时从配电网短路电流水平、消除保护拒动隐患的角度分析了电流互感器选型的反事故措施，并提出了目前电流互感器 TA 试验方法存在的问题及后续改进方法，对于提升供电可靠性、自动化实用率及自愈成功率具有积极的价值。

一、故障回顾

（一）GSD 油站公用柜 603、604 开关保护拒动事件

1. 事件 1 概况

2021 年 12 月 20 日 110kV 虹 Q 变电站 F09 东 G 线站内断路器开关跳闸、重合闸不成功，经查故障原因为亿某 K01 开关后端电缆被外力破坏挖断而引起，调度根据自动化上传保护信息判定故障区域后进行自愈操作失败。110kV 虹 Q 变电站 F09 东 G 线接线图见图 11-1。

2. 事件 1 自动化设备动作行为

2021 年 12 月 20 日 11：04：13，因 110kV 虹 Q 变电站 F09 东 G 线亿某 K01 开关后端电缆被外力破坏而引起 F09 站内断路器开关过电流Ⅰ段动作（三相故障电流 6380A），故障时明 Z 公用柜（配置 DTU）602、603 开关向 DMS

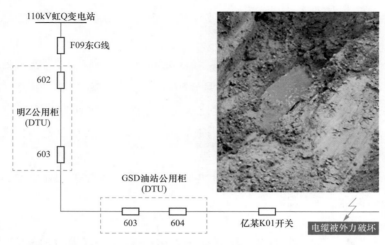

图 11-1　110kV 虹 Q 变电站 F09 东 G 线接线图

系统上传了保护动作信息，但 GSD 油站公用柜（配置 DTU）603、604 开关未向 DMS 系统上传保护动作信息，调度控制台根据上送信息，解析故障区间为明 Z 公用柜 603 开关与 GSD 油站公用柜 603 开关之间，GSD 油站公用柜 603 开关后端为非故障区（见图 11-2）。

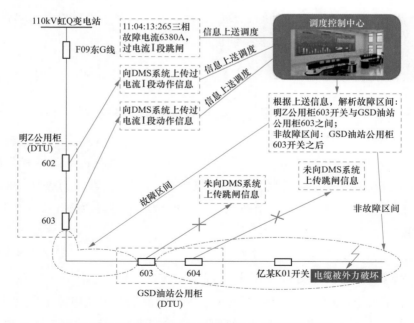

图 11-2　110kV 虹 Q 变电站 F09 东 G 线跳闸分析图（一）

2021 年 12 月 20 日 11：04：15，110kV 虹 Q 变电站 F09 东 G 线站内断路器开关重合于故障后过电流Ⅰ段加速动作跳闸（三相故障电流 6360A），重合于故障后加速动作跳闸时明 Z 公用柜（配置 DTU）602、603 开关向 DMS 系统上传了保护动作信息，但 GSD 油站公用柜（配置 DTU）603、604 开关未向 DMS 系统上传保护动作信息，调度控制台根据上送信息解析故障区间为明 Z 公用柜 603 开关与 GSD 油站公用柜 603 开关之间，GSD 油站公用柜 603 开关后端为非故障区（见图 11-3）。

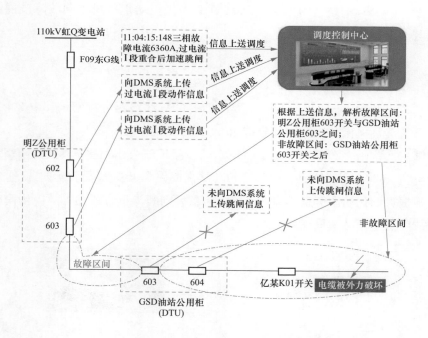

图 11-3 110kV 虹 Q 变电站 F09 东 G 线跳闸分析图（二）

2021 年 12 月 20 日 11：32，当值调度根据 DMS 信号综合判断 GSD 油站公用柜 603 开关无故障指示并判断后段无故障后进行 GSD 油站公用柜 603 开关隔离操作（断开 GSD 油站公用柜 603 开关），2021 年 12 月 20 日 11：41，合上柑 S 路甲公用柜 602 开关时因合闸于故障点导致联络线路 ZY 变电站 10kV 志 G 线 F53 跳闸（见表 11-1）。

表 11-1 　　　　　　　　　恢复非故障段设备供电时的调度操作记录

日期	内容
2021-12-20	三遥开关操作记录
2021-12-20	（隔离）断开 110kV 虹 Q 变电站 10kV 东 G 线 F09 GSD 油站公用柜 603 开关
2021-12-20	当值根据 DMS 显 GSD 油站公用柜 603 开关无故障指示判断后段无故障，合上柑 S 路甲公用柜 602 开关导致联络线路 ZY 变电站 10kV 志 G 线 F53 跳闸，当值立即隔离开关恢复 ZY 站 F53 供电。已将相关情况告知现场运行人员

3. 事件 1 小结

小结：GSD 油站公用柜 603、604 开关保护拒动是造成误判故障范围并导致复电操作失败的直接原因。

（二）育 K 线 1 号公用柜 604 开关保护拒动事件

1. 事件 2 概况

2022 年 3 月 26 日 220kV 育 H 站多条 20kV 线路相继跳闸，其中 20kV 育 K 线 F66 先后跳闸 3 次，详细分析如下：

第一次跳闸，2022 年 3 月 26 日 05：51 育 K 线公用柜 601 开关故障（三相故障电流 16900A），20kV 育 K 线 F66 站内断路器开关跳闸后延时 1s 重合成功。根据自动化动作信息，调度台解析信息后判断为重合成功、故障为瞬时故障、故障点绝缘已恢复（见图 11-4）。

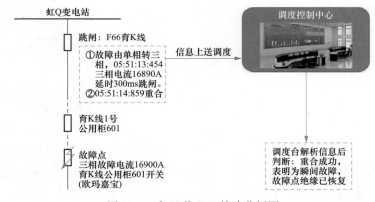

图 11-4　育 K 线 F66 故障分析图

第二次跳闸，2022 年 3 月 26 日 05：52：487 育 K 线公用柜 601 开关 A 相故障（接地故障电流 360A），持续 234ms 后转三相故障（A 相电流最大值 5280A、B 相电流最大值 814A、C 相电流最大值 6000A，详见故障录波图 11-5），至保护设定时间育 K 线 1 号公用柜 604 开关速断保护动作跳闸。调度台解析信息后应判断为育 K 线 1 号公用柜 604 开关后端存在故障（见图 11-6）。

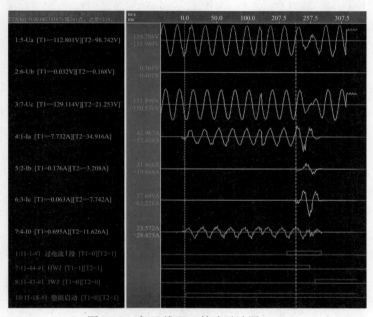

图 11-5　育 K 线 F66 故障录波图（一）

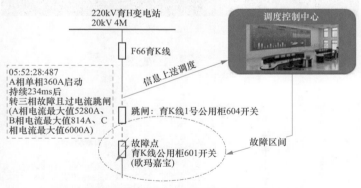

图 11-6　育 K 线 F66 跳闸分析图（一）

第三次跳闸，经解析 SOE 记录 2022 年 3 月 26 日 08：15：143 育 K 线 1 号公用柜 604 开关接收到调度遥控合闸命令，合闸瞬间产生单相（A 相）接地后转三相故障，故障电流 4320A，含大量高次谐波（详见图 11-7），故障电流持续到 08：14：58：480 由育 K 线 1 号公用柜 604 开关过电流Ⅰ段保护跳闸切除（见图 11-8）。

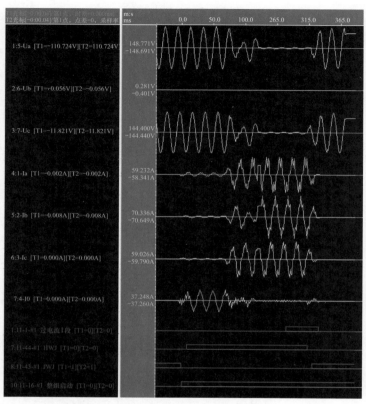

图 11-7　育 K 线 F66 故障录波图（二）

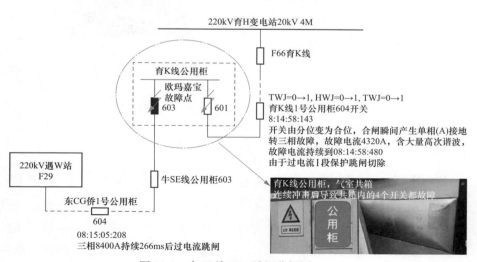

图 11-8　育 K 线 F66 跳闸分析图（二）

2. 事件2自动化设备动作行为疑点

经事后排查，确认20kV育K线F66的故障点为育K线公用柜（第1次跳闸时为601开关故障、后续连续两次故障冲击且育K线公用柜为气室共箱型开关导致4组开关都发生故障），育K线1号公用柜604开关更靠近故障点，但在第一次故障时育K线1号公用柜604开关保护却未发生任何动作行为，因育K线1号公用柜604开关保护拒动由站内保护动作切除故障后重合，但在随后的两次跳闸中育K线1号公用柜604开关保护都正确动作并切除故障设备。

二、故障分析

（一）事件1保护拒动技术原因分析

1. 数据分析

采样数据分析，事件1中GSD油站公用柜603、604开关后端为故障点，但未向DMS系统上传跳闸信息，GSD油站公用柜603、604开关电流互感器TA故障录波见图11-9。

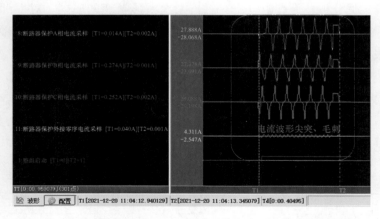

图11-9　GSD油站公用柜603、604开关电流互感器TA故障录波

观察GSD油站公用柜603、604开关电流互感器TA故障录波波形发现相间三相电流已严重畸变，将畸变的采样波形截取1个周波并做局部放大处理后与正常的波形进行比较，波形区别明显可见，见表11-2。

表 11-2　　　　　　　　　　波形特征比较表

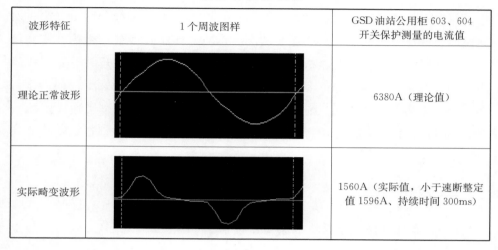

波形特征	1 个周波图样	GSD 油站公用柜 603、604 开关保护测量的电流值
理论正常波形		6380A（理论值）
实际畸变波形		1560A（实际值，小于速断整定值 1596A、持续时间 300ms）

GSD 油站公用柜 603、604 开关流过的故障电流值约高达 6000A，但由于传变到电流互感器二次的波形畸变非常严重并经采样计算后保护只采集到 1560A、误差高达 75.55%，因小于整定值 1596A 而不能动作（整定值：速断 1596A/0.05s，过电流 570A/0.5s）。

试验数据分析，为查明电流互感器二次波形畸变的原因，对 GSD 油站公用柜 603、604 开关电流互感器 TA 回路二次电缆、接地及接线等回路进行了检查，未发现异常。对 GSD 油站公用柜 603、604 开关电流互感器 TA 进行大电流升流变比测试和间接法（伏-安特性）测试变比时，发现电流互感器 TA 存在变比误差极大、电流互感器 TA 磁饱和拐点明显偏低等产品质量问题。

电流互感器 TA 在超过 1000A 电流后误差已明显不能满足 10P10 的准确级要求，见表 11-3。

表 11-3　　　　　　　　电流互感器 TA 测试数据表　　　　　　　　（A）

加量测试值	一次加量	600	800	1200	1500	1797	2095	2431	3091
	二次测量	4.99	6.5	6	8	10	11.9	13.8	18.8
理论值		5	6.67	10	15	14.97	17.46	20.26	25.76
误差（%）		0.2	2.4	40	46.67	33	31.84	31.87	27

2. 存在质量问题的电流互感器 TA 产品参数

GSD 油站公用柜 603、604 开关为某有限公司 2021 年 9 月生产的 R×××-

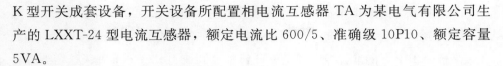

K 型开关成套设备，开关设备所配置相电流互感器 TA 为某电气有限公司生产的 LXXT-24 型电流互感器，额定电流比 600/5、准确级 10P10、额定容量5VA。

3. 事件 1 保护拒动分析小结

综合故障录波数据及试验测试数据分析，GSD 油站公用柜 603、604 开关在一次通过约 6000A 电流时，电流互感器 TA 磁饱和严重不能正确传变电流导致保护不能正确动作。

（二）事件 2 保护拒动分析小结

综合育 K 线 1 号公用柜 604 开关故障录波数据及事件 1 保护电流互感器 TA 试验测试数据分析，育 K 线 1 号公用柜 604 开关在 2022 年 3 月 26 日 05：51 一次通过 16900A 电流时，电流互感器 TA 磁饱和严重不能正确传变电流导致保护不能正确动作。

（三）保护拒动隐患现状

本文论述的两个保护拒动案例中，一次电流都超过了 6000A，GSD 油站公用柜 603、604 开关电流互感器 TA 在 1000A 以上 6000A 以下时其测试变比明显不符合 10P10 的要求（10P10 指在 10 倍额定电流下，误差值不超过 10％），属产品质量问题。

当然，现实工作中也会遇到质量合格的电流互感器 TA（额定电流比 600/5、准确级 10P10）存在保护拒动隐患的情形，比如 2022 年 3 月 26 日 05：51，20kV 育 K 线 F66 站内开关跳闸时三相故障电流为 16900A，站外的育 K 线 1 号公用柜 604 开关电流互感器 TA 已极度磁饱和根本传变不了电流，在大故障电流情况下保护就成了无用的自动化装置，导致保护感应不到故障而成为拒动状态。

因此，从电网短路电流水平来看目前配电网电流互感器 TA 参数的选型（额定电流比 600/5、准确级 10P10）并不是一个理想的值，从某供电公司20kV 及以下电网装备技术实施细则发布的参数选择范围来看，选择额定电流比 600/5、准确级 10P30 的电流互感器 TA 也许是更好的方案，这一参数下可做到 18000A 电流以下、误差不超过 10％，在 20kV 育 K 线 F66 故障电流为16900A 时保护能正确动作切除故障。

从故障实际发生的情形来看，配电网发生6000A甚至10000A以上的故障电流情形虽无准确的统计概率，但依据经验值判断发生的概率还是偏低，因此TA是选择10P10的准确级，还是提升到10P20或10P30的准确级这需要综合考虑。对于高可靠性、高品质供电区域为快速切除故障、快速自愈从而达到快速复电的目的则建议选用10P30的准确级的保护电流互感器TA；而对于使用10P10准确级电流互感器TA的保护，则建议保护软件采用抗电流互感器TA饱和算法提升保护的正确动作率。

三、分析总结

（一）保护电流互感器质量问题

消除保护电流互感器TA质量问题引起拒动的隐患，统计某电气有限公司生产的LXXT-24型电流互感器（额定电流比600/5、准确级10P10、额定容量5VA）的数量并建立台账逐步更换。

（二）保护电流互感器选型问题

消除严重故障时保护拒动的隐患，对于高可靠性、高品质供电区域建议选用10P30的准确级的保护电流互感器TA；对于使用10P10准确级电流互感器TA的保护，建议保护软件增加抗电流互感器TA饱和算法模块提升保护的正确动作率。

（三）电流互感器试验方法的改进

（1）查阅大量试验报告，电流互感器TA的测试均在600A以下进行变比测试，对电流互感器TA的准确级不能正确反映，应在10P10（6000A及以下）范围内进行多点测试才能正确反映电流互感器TA参数的准确性。

（2）对某电气有限公司生产的LXXT-24型电流互感器，只要设置1200、1500、1800、2100、2400A等测试点时就能发现该设备为不合格产品。

（3）对于有大电流发生器的试验单位可直接升至3000～6000A进行测试，对于没有大电流测试的试验单位可采用一次侧试验线多次穿入套管电流互感器TA法进行测试，一次电流值等于仪器输出值乘以穿入电流互感器TA的次数，如仪器输出300A且穿入电流互感器TA的次数为10次，则电流互感器TA一次值为3000A，用此方法同样可测试电流互感器TA的准确级。

案例 12：220kV 公 A 变电站 10kV 某农二线 F68 站外柱上开关故障跳闸分析报告

摘要：该案例中压线路跳闸后绝缘电阻值合格并成功恢复送电。由于中压线路上没有排查到故障电气设备与线路上多套保护装置零序保护告警存在矛盾情况，通过排除保护误动作的可能性，逐步排查出极其隐蔽的故障电气设备。

一、故障回顾

2022 年某月某日 05：45，天气情况为小雨多云，220kV 公 A 变电站 10kV 某农二线 F68 农甲 K01 柱上开关事故分闸。抢修值班人员按照中压线路故障跳闸处理方法，对某农二线 F68 农甲 K01 开关后段线路进行故障点查找。经查自动化装置启动情况为农甲 K01 开关零序保护动作跳闸，零序电流二次值 10.472A，保护动作时间 0.81s，符合定值设置（2.5A/0.8s）要求，零序保护正确动作，且其后端多个开关保护同时发出零序告警信号，见图 12-1。对线路进行绝缘检测，某农二线 F68 农甲 K01 开关后段线路绝缘值合格，并利用直流试送仪试送成功，抢修值班人员判定线路查无故障后，06：40 将某农二线 F68 农甲 K01 开关由热备用转运行。

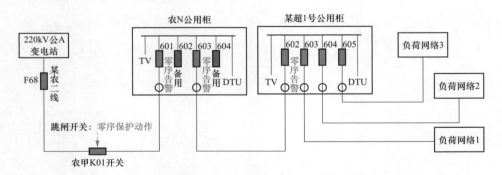

图 12-1　220kV 公 A 变电站 10kV 某农二线 F68 跳闸示意图

二、故障分析

正常情况下，ABC 三相电流的相量和为零，零序电流互感器无零序电流输出。当发生单相接地及两相接地故障时，ABC 三相的相量和不再为零，零序电流互感器可采集到零序电流，一旦达到设定值，则保护动作跳闸。当电力系统出现不对称运行时，也会出现零序电流，例如变压器三相参数不同所引起的不对称运行，单相重合闸过程中的两相运行，三相重合闸和手动合闸时的三相断路器不同期，母线倒闸操作时断路器与隔离开关并联过程或断路器正常环并运行情况下，由于隔离开关或断路器接触电阻三相不一致而出现零序环流，以及空投变压器时产生的不平衡励磁涌流，特别是在空投变压器所在母线有中性点接地变压器在运行中的情况下，可能出现较长时间的不平衡励磁涌流和直流分量等，不平衡励磁涌流和直流分量将使系统产生零序电流。电力系统中发生接地故障后，系统中就含有零序电流分量、零序电压分量和零序功率分量，零序保护正是利用对零序各分量的检测与设定定值的比较运算从而进行告警或跳闸。

在零序保护动作跳闸后线路查无故障并恢复送电，事后调取了农甲 K01 开关、农 N 公用柜 601、603 开关及某超 1 号公用柜 602 开关记录的故障电流波形，分析四个开关采集到的电流波形数据一致，波形显示发生了 A 相接地故障，零序基波电流二次值为 10.47A（见图 12-2），根据单辐射线路故障零序电流流向可初步判断本次跳闸的故障点在 10kV 某农二线 F68 某超 1 号公用柜 602 开关零序电流互感器后端。

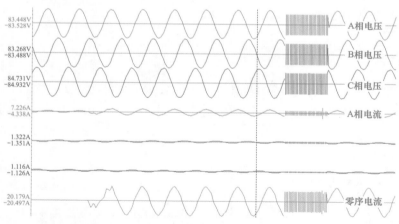

图 12-2　某农二线 F68 农甲 K01 开关跳闸时电流波形图

（一）线路特巡

为查明线路故障原因，故障排查小组对 220kV 公 A 变电站 10kV 某农二线 F68 进行线路设备特巡，该线路为单辐射负荷网络线路，故障排查小组在排查中发现某超 1 号公用柜存在严重凝露现象（见图 12-3），其他公用设备及用户专用设备进行特巡时均未发现设备存在局部放电超标、温度过高或者设备更换的异常情况。因此，根据特巡排查进一步判定某超 1 号公用柜内存在故障隐患点。

图 12-3　某超 1 号公用柜存在严重凝露照片

（二）保护装置接线正确性验证

保护自动化装置动作的可靠性及可信赖性取决于保护接线的正确和整定值的合理设置，本案例中四个开关的保护虽然都检测到零序电流但因为查无故障且送电后线路可以继续运行，所以需要进行两方面的排查，其一是相间电流互感器二次接线是否正确；其二是检查电缆屏蔽层接地线与零序 TA 接线关系是否正确。

1. 检查相间电流互感器二次接线是否正确

检查农甲 K01 开关、农 N 公用柜 601、603 开关及某超 1 号公用柜 602 开关跳闸后三相负荷平衡，三相电流的相量和等于 0A，即 $I_a + I_b + I_c = 0A$（见图 12-4 和图 12-5），可验证相间电流互感器二次接线正确，图 12-2 中 A 相电流录波可信。

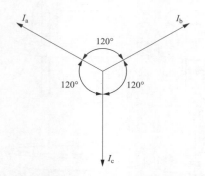

图 12-4　负荷平衡时，三相电流的相量和

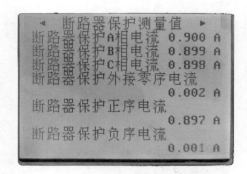

图 12-5　装置采集故障时的三相电流

2. 检查电缆屏蔽层接地线与零序 TA 接线关系是否正确

当电缆屏蔽层接地线与零序 TA 接线关系错误时零序保护会误动作跳闸，

其误动作原理详见本书案例 8 的分析与讲解。检查电缆屏蔽层接地线与零序
TA 接线关系只需打开开关柜前下部柜门即可进行检查（见图 12-6）。

图 12-6 检查区域

故障排查小组利用周末时间采取临时短时停电排查的办法，对 220kV 公 A
变电站 10kV 某农二线 F68 农 N 公用柜、某超 1 号公用柜所有进出线单元屏蔽
线和零序互感器进行检查，发现农 N 公用柜、某超 1 号公用柜均按照表 12-1
正确接线方式进行安装。

表 12-1   电缆屏蔽层接地线与零序 TA 接线位置关系图

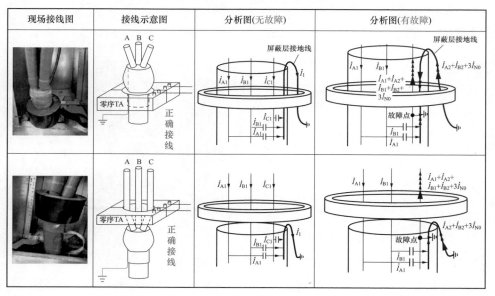

（三）线路故障点排查

通过上述分析，已排除保护装置接线错误和开关单元电缆屏蔽层接地线与零序 TA 接线位置关系错误的情形，并结合保护动作范围与线路特巡结果可确定故障点范围就在某超 1 号公用柜 602 开关零序互感器与 3 个出线单元的零序电流互感器之间（见图 12-7 红色虚线范围内），此范围内的设备因某种缺陷在凝露严重后发生了单相接地故障。

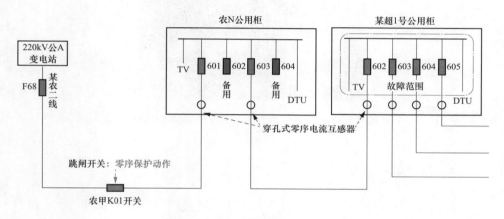

图 12-7　线路故障范围示意图

故障排查小组联合断路器供应商再次重点检查某超 1 号公用柜，并采取在不同时间段、不同负荷电流时进行多次局部放电、地点波检查，均无法判定具体故障点。经讨论利用周末对用户影响最小的时间段对某超 1 号公用柜进行停电拆除检查，该柜为 2019 年某供应商生产的固体绝缘柜，采用固体绝缘材料作为主绝缘介质的环网柜，将真空灭弧室及其导电体连接、隔离开关、接地开关、主母线、分支母线等主导电回路组合后用固体绝缘介质包覆封装为一个全绝缘、全密封性能的模块，人可触及的模块表面涂覆有导电或半导电屏蔽层并可直接可靠接地的环网柜。停电后对电缆室、DTU 柜、母排室等均进行了详细检查，发现某超 1 号公用柜 602 开关单元 A 相母排转角处固体绝缘介质存在开裂脱落现象（见图 12-8），且开裂脱落处存在放电烧黑痕迹，最终判定该处为引起故障跳闸的原因。

图 12-8　602 开关单元 A 相母排转角处固体绝缘介质存在放电、开裂脱落现象图

三、分析总结

在配电网日常运行维护中，经常会出现多装置同时启动的告警信号，除存在多个故障点外，故障点的具体位置最大概率在最后一个告警装置的后端。对于本次 220kV 公 A 变电站 10kV 某农二线 F68 故障跳闸原因排查过程总结如下：

一是某超 1 号公用柜 602 开关单元 A 相母排转角处固体绝缘介质存在开裂脱落是此次跳闸的直接原因，但其故障点在母排室内，故障非常隐蔽，不停电打开母排时无法确定故障点。且在空气干燥和电压正常运行时，母排对断路器侧板绝缘强度足够，不会发生接地故障，仅在天气潮湿或电压偏高时可能存在接地击穿。

二是学会利用多装置启动信息判断法，有利于故障点（故障范围）的判断，该案例中 10kV 某农二线 F68 故障在利用多装置启动信息判断法的同时，结合零序电流产生原因分析，逐步排除故障的各种可能情形，最终通过综合判断，判定故障范围在某超 1 号公用柜 602 开关零序互感器与 3 个出线单元零序互感器之间，使得故障范围逐渐缩小并最终排查出故障隐患点，避免了后续的在潮湿条件下的重复频繁故障。

　　三是固体绝缘柜利用固体绝缘介质作为带电体与非带电体的绝缘材料，在运输、安装过程中存在磕碰或承受外施力距的情况，一旦某处绝缘机械损伤后就可能引起绝缘下降，甚至发生接地故障，因此在运输、安装固体绝缘柜时应做好防止柜体磕碰、受力不均匀的相关措施，在设计时同样需充分论证固体绝缘件安装的稳定性。

第三章 营配数据结合锁定故障范围分析

案例 13：110kV ZY 变电站 10kV 星 Y 线 F57 跳闸原因分析

摘要： 该案例在确认线路跳闸的保护动作正确，且停电特巡未排查到故障电气设备后，利用用户用电数据，横向对比所有用户用电行为、纵向对比异常用户自身历史用电行为，通过对用电行为异常特征的识别筛选出用户侧故障电气设备。

一、故障回顾

（一）线路基本情况

ZY 变电站 10kV 星 Y 线（以下简称"星 Y 线"）为架空导线与地埋电缆混合线路，线路全长 12km，其中架空绝缘导线长度 2km，地埋电缆长度 10km，线路装设 16 台变压器，装机容量为 9960kVA。

（二）故障停电经过

2020 年 6 月 17 日 19：03，星 Y 线站内断路器开关跳闸，重合闸不成功。经供电公司工作人员现场排查，线路上未发现明显故障电气设备，线路绝缘电阻值检测正常，供电公司工作人员在确认具备送电条件后，于当日 20：49 恢复供电。

二、故障分析

由于历史原因，星 Y 线仅在变电站内馈线开关处配置有继电保护装置，站外中压设备仅在配电变压器的高压侧配置跌落式开关作为保护装置。星 Y 线恢复供电后，供电公司调取了变电站内断路器开关所属保护装置的动作记录（见表 13-1），由动作记录可知该线路发生了三相短路故障，且故障电流峰值达到3800A，说明星 Y 线所属电气设备存在相间短路故障。

表 13-1　　　　　　　　　　　ZY 变电站内断路器保护动作记录

跳闸次数	时间	保护自动化装置记录情况
1	19：03：24：402	启动
2	19：03：24：711	过电流Ⅰ段动作、ABC 三相故障、最大故障电流 3800A
3	19：03：25：714	重合闸动作
4	19：03：25：718	过电流Ⅰ段加速动作、ABC 三相故障、最大故障电流 3790A

为查清星 Y 线停电事件原因，供电公司工作人员利用各变压器用电数据，分析查找线路故障停电原因，最终发现复电后某水库管理处（以下简称"管理处"）用电负荷特征与历史特征不符。管理处所属变压器容量为100kVA，计量装置设置在变压器低压侧（计量方式为高供低计）。供电公司工作人员判定管理处计量装置后负荷侧受电装置故障，导致电源线路故障停电。理由如下：

（一）星 Y 线恢复供电后，管理处用电特征与其他用户用电特征不一致

故障停电当天，星 Y 线上装设有 14 套计量装置，其中 6 套为专用变压器计量装置，7 套为公用变压器台区考核计量装置。如前文所述，星 Y 线故障后恢复供电的时间为当日 20：49，因供电公司的用电信息采集系统每 15min 读取一次计量装置电流电压数据，如用户侧电气设备不存在故障，用电信息采集系统将在 21：00 读取到每台计量装置的电流电压数据，但管理处从当日 21：00至第二天 08：15，变压器低压侧计量装置读取电压数值正常，但三相电流数据将近 12h 一直为 0A（见表 13-2 及图 13-1），说明管理处计量装置负荷侧未发生用电负荷。

表 13-2　　　　　　　　故障恢复后，公、专用变压器的用电情况

序号	客户名称	电能表编号	故障恢复后用电情况
1	用户 A、用户 B	电能表 1、电能表 2	长期不用电（暂停）

续表

序号	客户名称	电能表编号	故障恢复后用电情况
2	某水库管理处	电能表3	6月17日19：15~20：45期间无电压电流数据，21：00开始有电压数据但无电流数据，于6月18日08：15有电流数据
3	用户1~用户3	电能表4~电能表6	
4	公用变压器1~公用变压器7	台区考核表1~台区考核表7	6月17日19：15~20：45期间无电压电流数据，21：00开始有电压电流数据

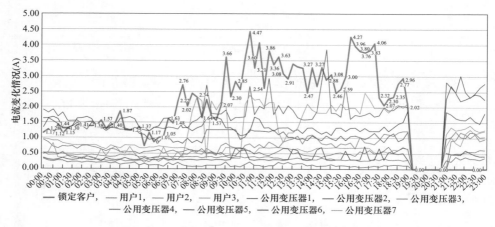

图13-1　故障恢复后，公、专用变压器的用电情况

（二）星Y线恢复供电后，管理处用电行为特征与历史行为特征不符

管理处的用电负荷为办公用电及宿舍生活用电，每日用电负荷曲线变化情况非常接近。如图13-2的蓝色及绿色日负荷曲线，在非工作时间内，管理处用电负荷存在部分相对稳定且24h运转的用电设备。故障发生当日，管理处专用变压器超12h未发生用电负荷，与历史用电负荷特征不符，如图13-2所示红色虚线框内的黄色负荷日曲线段，该黄色负荷日曲线段与6月10日及5月20日跳闸复电后的曲线明显不同。

（三）排除欠压脱扣器原因导致管理处无用电数据的情形

2020年星Y线共发生三次故障停电，除本次故障停电以外，另外两次故障停电分别发生在5月20日以及6月10日，管理处的用电负荷均在线路复电

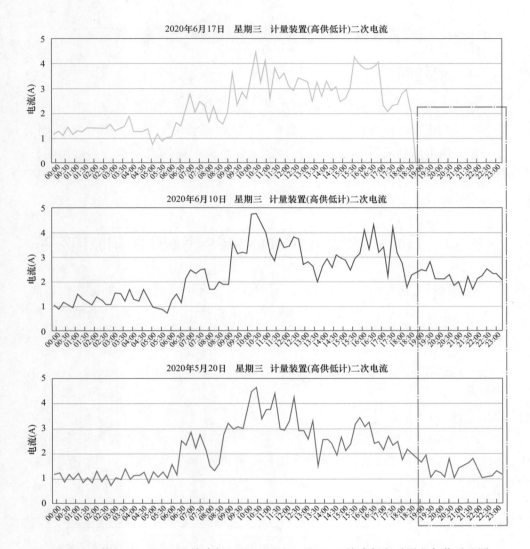

图 13-2 管理处 6 月 17 日故障与 6 月 10 日和 5 月 20 日故障复电后用电负荷对比图

后 15～30min 内恢复（见图 13-2），说明管理处专用变压器低压总开关虽装设有欠压脱扣器，但管理处电气工作人员会在线路恢复供电后手动合上专用变压器低压总开关。

为验证以上分析，供电公司工作人员前往实地查看，确认管理处计量装置负荷侧低压总开关已更换，原低压总开关壳体存在明显烧熔痕迹，供用电双方确认低压总开关更换时间段为 6 月 18 日 06：00～08：00，可确定管理处低压

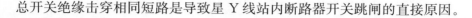

总开关绝缘击穿相同短路是导致星 Y 线站内断路器开关跳闸的直接原因。

三、分析总结

随着供用电领域的各种数据的数字化、信息化，中压线路故障分析与查找除了可以利用配电网自动化设备的数据外，还可以利用一切可采集的数字化信息（包括用电信息采集系统），从各种信息化系统中提炼出少量的异常用电行为特征，并初步判断故障设备，为故障排查提供聚焦和方向，然后结合现场情况实现故障设备的快速排除。

案例 14：110kV SS 变电站 10kV 狮 S 线 F01 跳闸原因分析

摘要： 该案例在中压线路跳闸且查无故障后，通过 10kV 线路开关设备间的保护自动化动作信息判定跳闸断路器开关正确动作，进一步利用营配综合数据分析锁定"可疑故障"电气设备，最后到现场排查出故障设备。

一、故障回顾

（一）线路基本情况

SS 变电站 10kV 狮 S 线为电缆及架空线混合线路，绝缘导线长度为 3km、电缆长度为 9km，线路装设 19 台变压器，装机容量为 4650kVA，该中压线路示意图见图 14-1。

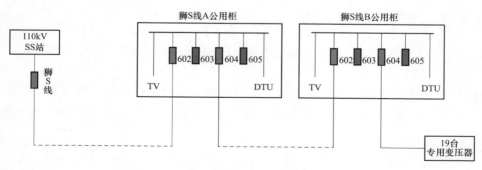

图 14-1　110kV SS 变电站 10kV 狮 S 线接线方式

（二）故障停电情况

2021 年 10 月 21 日 21：04，SS 变电站 10kV 狮 S 线（以下简称"狮 S 线"）B 公用柜 604 开关零序保护动作跳闸，对应继电保护装置显示零序电流 I_{0max} 达 21.875A。经供电公司工作人员现场排查，跳闸开关后侧线路及其电气设备未发现明显故障点，整条线路绝缘电阻值经检测合格，在确认具备送电条件后，于当日 23：32 恢复供电。

二、故障分析

（一）跳闸数据分析

通过调取线路保护自动化装置数据（见表 14-1），狮 S 线 A 公用柜 604 开关和狮 S 线 B 公用柜 604 开关零序Ⅰ段保护几乎同时段启动，可以排除狮 S 线 B 公用柜 604 开关误动作。

表 14-1　　　　　　　　SS 变电站狮 S 线自动化装置动作情况

序号	线路	10 月 21 日站端保护自动化装置动作情况
1	狮 S 线 A 公用柜 604 开关	21：04：39：545 整组启动 21：04：41：300 B 相 I_{max}＝4.504A（经确认，自动化装置二次互感器 A 相采集开关 B 相 TA 数据、B 相采集开关 C 相 TA 数据、C 相采集开关 A 相 TA 数据） 21：04：48：452 I_0＝22.060A 零序Ⅰ段动作 零序时间定值 0.8s
2	狮 S 线 B 公用柜 604 开关	21：04：39：213 整组启动 21：04：41：289 C 相 I_{max}＝4.387A 21：04：43：299 I_0＝21.875A 零序Ⅰ段动作 零序时间定值 0.65s

调取 10kV 狮 S 线 A 公用柜 604 开关录波数据，21：04 故障发生时，配电网自动化装置整组启动，流经狮 S 线 A 公用柜 604 开关电流 I_{bmax} 为 540.4A，零序电流 I_{0max} 为 441.2A（见图 14-2）。

狮 S 线 B 公用柜 604 开关故障时，配电网自动化装置整组启动，零序跳闸启动，合闸保护装置闭锁，跳闸保护启动，狮 S 线 B 公用柜 604 开关检测电流 I_{cmax} 为 526.4A，零序电流 I_{0max} 为 437.5A（见图 14-3）。

配电网典型故障案例分析

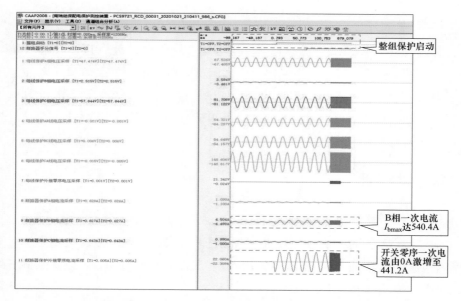

图 14-2　10 月 21 日狮 S 线 A 公用柜 604 开关配电网自动化装置录波图形

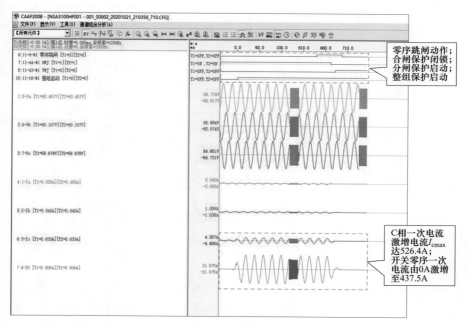

图 14-3　10 月 21 日狮 S 线 B 公用柜 604 开关配电网自动化装置录波图形

由图 14-4 可知，狮 S 线 A 公用柜 604 开关在 21：04 流经零序电流 $I_0 =$ 441.2A＞50A；21：04 狮 S 线 B 公用柜 604 开关检测零序电流 $I_0 =437.5A＞$ 50A，零序电流持续时间达到整定值 0.65s 后触发该开关零序保护跳闸。待狮 S 线 B 公用柜 604 开关分闸后，故障切除，接地故障信号消失，零序电流归零。

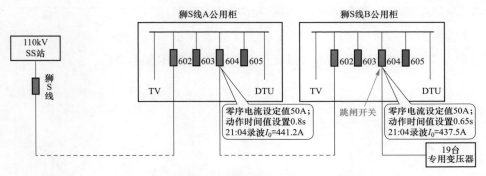

图 14-4　10 月 21 日狮 S 线流经故障电流示意图

（二）营配综合数据分析

SS 站 10kV 狮 S 线的狮 S 线 B 公用柜 604 开关正确动作后，因线路自动化未完成全覆盖，且故障类型为非永久性单相接地故障，供电公司工作人员无法精确锁定故障设备。因此，需要借助用电信息采集系统，对狮 S 线 18 个用户（19 台专用变压器）停电前后的用电情况开展调查。

通过核查，狮 S 线 B 公用柜 604 开关跳闸发生前，19 套变压器计量装置都在线运行。因供电计量主站系统特征为每间隔 15min 反馈一次电压电流数据，根据判断，若变压器本体设备和计量装置不存在异常，19 套计量系统应在该线路恢复送电后 23：45 正常上传终端电压和电流数据（见表 14-2）。

表 14-2　　　　　　　　　10 月 21 日跳闸前后各用户用电情况

序号	客户名称	跳闸前用电情况	跳闸时间	线路送电时间	复电后用电情况
1	用户 1～用户 11	正常	21：04	23：32	23：45 后用电正常
2	用户 12	正常	21：04	23：32	23：45 显示电压数据，次日 08：15 显示电压、电流数据

续表

序号	客户名称	跳闸前 用电情况	跳闸时间	线路送电 时间	复电后用电情况
3	用户 13	正常	21：04	23：32	23：45 显示电压数据，次日 00：30 显示电压、电流数据
4	用户 14～ 用户 18	正常	21：04	23：32	23：45 后用电正常

根据跳闸前后各用户用电情况显示（见图 14-5），经过分析，锁定用户 12 和用户 13，怀疑其所属的电气设备存在故障嫌疑，其原因如下：

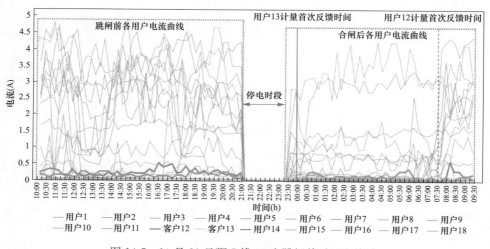

图 14-5　10 月 21 日狮 S 线 18 户跳闸前后用电统计

线路恢复供电后，用户 12 当日 23：45 至次日 08：15，计量装置电压数值读取正常，三相电流数据为 0A，用户近 9h 未产生用电负荷，与正常时期用电特性不符（见图 14-6）。该用户计量装置负荷侧电气设备运行工况存疑，需现场排除低压总开关欠压脱扣器配置与动作情况。

线路恢复供电后，用户 13 当日 23：45 至次日 00：30 低压计量未采集到电压、电流数据，次日 00：45 后电压、电流采样恢复正常，用电负荷曲线特性与正常用电时期不符（见图 14-7），需现场排查计量装置运行以及电气设施工况。

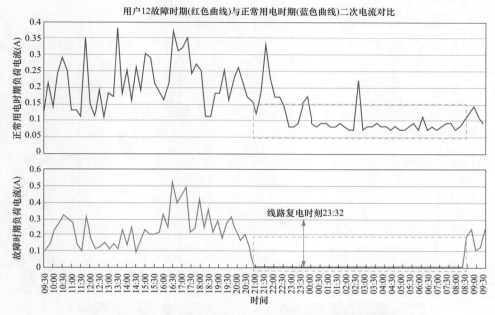

图 14-6 用户 12 故障时期与正常用电时期负荷曲线图

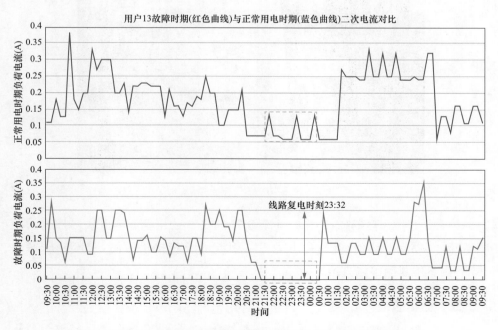

图 14-7 用户 13 故障时期与正常用电时期负荷曲线图

（三）现场核实

根据营配数据综合分析，用户 12 和用户 13 的用电特性与正常时期不符，供电公司工作人员对用户 12 和用户 13 开展重点核查，排查结果如下：

用户 12 计量装置负荷侧主要受电设施工况良好，经不停电检测设备（局部放电仪、红外测温仪）测试，未发现明显异常情况。由于用户变压器低压总开关装设了失压脱扣保护装置，经向用户代表确认，电源线路停电后，变压器低压总开关自动分闸，用户电气工作人员于次日 08：00 上班时合上低压总开关。

用户 13 变压器室防小动物措施缺失，目测变压器运行工况正常，变压器高压负荷开关绝缘子部位有明显放电烧损痕迹，负荷开关下方可见烧焦老鼠尸体，外侧一相熔断器外观较新，经向用户代表确认，故障停电后当天，曾委托电气施工单位更换了高压负荷开关保险管（见图 14-8）。

图 14-8　用户 13 检查情况

综合用户 13 现场排查结果，并结合狮 S 线 B 公用柜 604 开关零序保护跳闸情况，判定小动物触碰用户电力设备引起的单相接地故障，是造成 SS 站10kV 狮 S 线跳闸停电直接原因。

三、分析总结

秋冬季节，天气严寒，小动物也在寻找"安乐窝"，变压器散热管道旁、隔离开关、保险管及户外电缆终端头连接部位就成了小动物光顾的"场所"，如何防止小动物触碰高压设备就成为必须考虑的问题，对此，需要从以下几点开展防范工作：

（1）变压器高、低压套管接线柱部位应该加装防护罩，防止小动物爬上带电设备引起电气事故。防护罩应选用机械强度高、绝缘强度高、耐高温、阻燃、透明的材料制作。

（2）小动物活动频繁且有可能影响线路安全运行的场所，应开展排查工作，及时消除隐患（抬高防鼠板、填补空隙孔洞、修缮破旧配电房门、投放鼠药等）。

（3）秋冬季节巡视，应注意饭店、粮库、垃圾站、隐蔽场所周边的变压器台架有无小动物筑窝，出没痕迹，遇到后及时消除隐患。

（4）针对变压器或高压电气设备附近有小动物频繁出没的场所，应规划装设分段开关，设置恰当的继保定值，提前做好故障拦截工作，防止因小动物触碰引发事故出门。

案例 15：110kV ZX 变电站 10kV 振 G 线 F21 跳闸原因分析

摘要： 该案例在确认线路跳闸的保护动作行为正确且主要电气设备未排查到故障点后，通过分析线路电气设备运行方式、变压器的负载率变化情况以及用户的用电行为变化情况，排查出故障的电气设备。

一、故障回顾

（一）线路基本情况

110kV ZX 变电站 10kV 振 G 线 F21 为 2020 年投运的全电缆线路，其供电区域为某市区某新建住宅小区，线路装设 17 台变压器（装机容量为 9670kVA），其中跳闸开关后端挂 5 台公用变压器（装机容量为 3315kVA，产权尚未移交至供电公司的公用变压器）运行。

（二）故障停电情况

2021 年 5 月 28 日 23：14，ZX 变电站 10kV 振 G 线 F21 新建小区 5 号公用

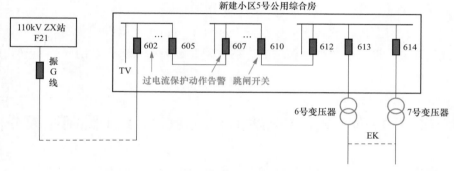

综合房 602 开关、607 开关、610 开关的保护自动化装置同时触发过电流保护动作信息，610 开关在保护启动后 316ms 动作出口，开关跳闸（动作信息见表 15-1 及图 15-1）。

表 15-1　　　　　　　　　新建小区 5 号公用综合房开关保护动作记录

开关编号	开关类型	保护自动化装置记录故障电流	开关保护动作情况
602	负荷开关	A、C 相间电流 1078.24A	过电流保护动作于告警
605	负荷开关	未安装保护装置	—
607	负荷开关	A、C 相间电流 1078.25A	过电流保护动作于告警
610	断路器开关	A、C 相间电流 1078.23A	23：14：01：52：保护启动 23：14：01：368：过电流保护动作于跳闸

图 15-1　ZX 变电站 10kV 振 G 线 F21 接线图

5 月 29 日 01：45，为及时恢复某新建住宅小区供电，且在用户未提供报障信息的前提下，经摇测线路绝缘电阻值合格，某新建住宅小区于 02：01 恢复供电。

二、故障分析

ZX 变电站 10kV 振 G 线新建小区 5 号公用综合房 602 开关、607 开关、610 开关三套保护装置同时触发电流保护动作信息，保护信息显示为 A、C 相间短路，相间短路电流达到 1078A，证实 610 开关负荷侧电气设备存在相间短路故障。610 开关分闸后，线路因主动（或被动）原因切除了故障设备，线路绝缘强度即自行恢复，经检测绝缘数值合格。虽恢复了供电，但保护动作信息又证实存在故障设备，因此仍需进一步排查原因。

90

借助用电信息系统采集的数据，分析数据后发现 7 号公用变压器和 6 号公用变压器在新建小区 5 号公用综合房 610 开关分闸后的用电负荷特性与正常用电时期特性不一致，详情如下：

（一）恢复供电后，7 号公用变压器用电负荷特性分析

5 月 29 日 02：01 恢复供电后，因 610 开关负荷侧 5 台公用变压器分别配备台区考核表，用电信息采集系统将在最早 02：15 读取到每套台区考核表的电流电压数据，从 5 月 28 日 23：14 至 5 月 30 日 14：45，近 40h 连续时段内 7 号公用变压器台区考核表未采集到电压电流数据（见图 15-2），表明 613 开关（见图 15-1）在此时段内处于分闸状态。

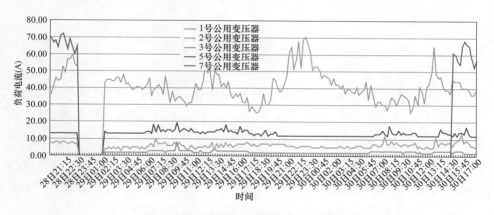

图 15-2　610 开关后端变压器用电曲线图

（二）恢复供电后，6 号公用变压器用电负荷特性分析

6 号公用变压器额定容量为 1000kVA，承担着 252 户客户的供电任务，变压器平均有功功率维持 200～380kW 区间。同电房 7 号公用变压器额定容量为 1000kVA，承担着 128 户客户的供电任务，变压器平均有功功率维持 200～300kW 区间。

5 月 29 日 02：01，610 开关合闸恢复供电后，6 号公用变压器最大有功功率达到 530kW，明显高于历史平均有功功率值；5 月 30 日 15：00，7 号公用变压器台区考核表恢复读取数据后，6 号公用变压器有功功率出现明显下降，并降至历史平均水平（见图 15-3）。

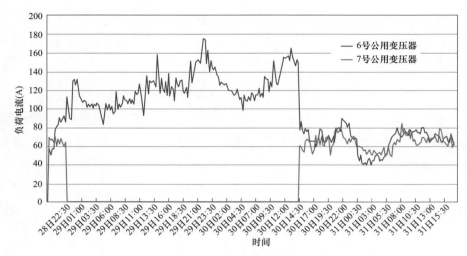

图 15-3　6 号、7 号公用变压器的用电情况

（三）数据相关分析及故障设备确认

7 号公用变压器考核表未读取用电数据期间，6 号公用变压器考核表读取的用电数据值接近 6 号公用变压器与 7 号公用变压器历史用电数据叠加值；7 号公用变压器考核表恢复读取用电数据后，6 号公用变压器考核表读取的用电数据值恢复至历史同期水平。以上数据表明 6 号公用变压器在近 40h 的时段内承担了 7 号公用变压器的用电负荷。

因 6 号、7 号公用变压器低压侧存在电气联络点（见图 15-1 EK 开关），6 号公用变压器具备承担 7 号公用变压器用电负荷的运行条件。因此，对 7 号公用变压器进行实地排查后，确认原 7 号公用变压器因线圈故障不能继续运行，产权方已自行更换变压器。

三、分析总结

线路多套保护装置同时以相同特征的电气量启动，说明保护装置动作行为正确，但线路检测绝缘合格且又未收到用户的报障信息时，可从以下方面入手排查故障。

（1）分析用户用电数据的变化，对用电数据的增减量进行相关性分析。

（2）结合运行接线方式，验证数据的相关性，并现场验证数据推算出的故障设备。

第四章　线缆典型故障分析

案例 16：一起中压配电网电缆冷缩式附件故障案例分析

摘要： 随着城市电缆化率越来越高，配电网中压电缆在城市面貌改善中起到了关键作用，本案例重点介绍电缆及附件的工作原理及结构，并对典型故障案例进行分析，同时提出电缆及附件的质量管控措施。

一、电缆及附件基本结构

（一）电缆基本结构和作用

配电网电缆是由一根或多根相互绝缘的导体外包优质固体绝缘和保护层隔离后被封闭在接地的金属屏蔽层内部的一种电力输送导体，它具有安全及可靠性高、受外来电磁波干扰小、不占用地面或城市上部空间从而不影响城市景观等众多优点，所以有着越来越广泛的应用前景。以最常用的交联聚乙烯绝缘电缆为例，其主要结构包括导体部分、屏蔽层、绝缘层以及护套等，具体结构详见图 16-1 和图 16-2。

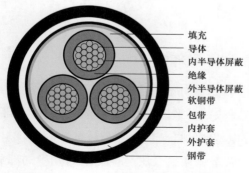

图 16-1　三芯交联聚乙烯绝缘电缆结构

图 16-2　电缆实物图

各部件结构及作用如下：

1. 电缆导体

电缆导体一般由多根导体绞合而成。采用这种绞合导体的结构，是为了更好地满足电缆的可曲度和柔软性的要求。当导体沿某一半径弯曲时，导体中心线圆内部分被压缩，圆外部分被拉伸，其内外两部分可以相互滑动，使导体不会塑性变形。

绞合导体的几何形状固定，表面电场均匀且稳定性较好。10kV 及以上交联聚乙烯电缆和 20kV 及以上油纸电缆，通常均使用圆形绞合导体结构。为了减少电缆直径，节约材料消耗，1kV 及以下多芯塑料电缆和 10kV 及以下多芯油纸电缆采用扇形或圆形导体结构。

2. 电力电缆屏蔽层

电力电缆屏蔽层分为导体屏蔽、绝缘屏蔽、铜带屏蔽层。

（1）导体屏蔽又称内屏蔽，它是包覆在导体上的非金属或金属材料电气屏蔽层，其作用是使导体和绝缘界面表面光滑，消除界面处空隙对电性能的影响。通常在导体表面加一层半导电材料的屏蔽层，它与被屏蔽的导体等电位，并与绝缘层良好接触，从而避免在导体与绝缘层之间发生局部放电。有（左）无（右）导体屏蔽的电缆运行情况如图 16-3 所示。

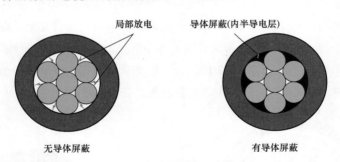

图 16-3　有无导体屏蔽的电缆运行情况

（2）绝缘屏蔽又称外屏蔽层。在绝缘外表面和护套接触处，也存在着间隙，电力电缆弯曲时，电力电缆绝缘表面易造成裂纹，这些都是引起局部放电的因素，在绝缘层表面加一层半导电材料的屏蔽层，它与被屏蔽的绝缘层有良好接触，并与金属护套等电位，从而避免在绝缘层与护套之间发生局部放电，这一屏蔽层称为外半导电屏蔽层。

（3）铜带屏蔽层。没有金属护套的挤包绝缘电力电缆，除半导电屏蔽层外，还要增加用钢带或铜丝绕包的铜带屏蔽层。这个铜带屏蔽层的作用是，在正常运行时通过电容电流，当系统发生短路时，作为短路电流的通道，同时也起到屏蔽电场的作用。在电力电缆结构设计中，要根据系统短路电流的大小，对金属屏蔽层的截面面积提出相应的要求。

3. 主绝缘

主绝缘将高压电极与地电极可靠隔离。如今所使用的电力电缆的主绝缘大部分是挤包绝缘材料，挤包绝缘电缆的绝缘层是各类塑料、橡胶的高分子聚合物，经挤包工艺一次成型紧密地挤包在电缆导体上。

4. 电缆护套

电缆护套是覆盖在电缆绝缘层外面的保护层，其和导体、绝缘层统称为电缆的三大组成部分。典型的护层结构包括内护套和外护套。内护套紧贴绝缘层，是绝缘的直接保护层。外护层包覆在铠装层外面，通常由内护套、铠装层和外护套以同心圆形式层层相叠组成。护层的作用是使电缆能够适应各种使用环境的要求，使电缆绝缘层在敷设和运行过程中，免受机械或各种环境因素的损坏，以长期保持稳定的电气性能。如果把护层两部分的作用分开来说，那么内护套的主要作用是阻止水分、潮气及其他有害物质侵入绝缘层，以确保绝缘层性能不变；外护套的主要作用是增加电缆的受拉、抗压的机械强度，并能防止护套腐蚀以及避免受到其他环境损害。

（二）电缆附件基本结构和作用

配电电缆附件是连接电缆段及相关配电装置的部件，分为中间及终端连接附件。电缆附件既要恢复电缆的性能，又要保证电缆长度的延长或终端的连接。对于电缆本体的各项要求（如导体截面及表面特性、半导电层、铜带屏蔽层、绝缘层及护套层等各部分的要求）也同样适用于电缆附件，尤其是中间接头，即中间接头的各个部分应对应于电缆的各个部分，终端也基本一样，只是外绝缘有所不同。除此之外，附件还有比电缆本体更多的要求，因为它的结构更复杂，弱点也更多，技术上难度也更大。电缆附件连接技术主要有导体连接技术、电场局部集中处理技术、绝缘技术、防水技术。

1. 导体连接技术

线芯连接管应电阻小且连接稳定，能经受故障电流的冲击，并具有一定的机械强度、耐振动、耐腐蚀性能。

2. 电场局部集中处理技术

在单芯电缆导体上施加高压就会出现电场分布，其纵向为等位线，按不同的电压分布进行，与此相垂直的电力线，电力线越密，电场强度越高，反之相反。从图 16-4 上可以看到，电场强度最高处不是电压最高的导体处，而是在外屏蔽层断口处。因此，处理电场局部集中问题需用专用技术。如局部电场处理不好，会影响电缆附件的寿命。

在做电缆头时，剥去了屏蔽层，改变了电缆原有的电场分布，将产生对绝缘极为不利的切向电场（沿导线轴向的电力线）。在剥去屏蔽层芯线的电力线向屏蔽层断口处集中。那么在屏蔽层断口处就是电缆最容易击穿的部位。冷缩式附件常采取导电硅橡胶制作的应力锥套在屏蔽层断口处，以分散断口处的电场应力（电力线），保证电缆能可靠运行，如图 16-4 所示。

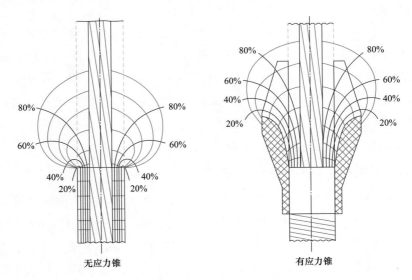

无应力锥　　　　　　　　　　　有应力锥

图 16-4　加装应力锥电力线分布

中间接头内电极、外屏蔽的结构主要应用了电场屏蔽的原理。以内电极为例，如果中间接头没有内电极，则电场的起点位于金属压接管和电缆线芯处，在接管的尖角和台阶处，会发生空气电离、尖端放电以及电晕放电，进而导致绝缘劣化及整个接头的故障如图 16-5 所示。

图 16-5　中间头压接管两端放电示意图

中间接头增加了内电极结构以后，电场的起点延伸至内电极的外表面，由于内电极的外表面为圆滑结构，可以有效均匀电场。另外，内电极的内部则电位相同，不存在电位差，避免了在接管的尖角和台阶处发生各种放电的现象，这种结构成为"法拉第笼"，在如图 16-6 红色部分为等电位，所以内部不会产生放电。

图 16-6　中间头内部电场分布

3. 绝缘技术

电力电缆接头的电气性能主要是由内绝缘结构来确定的，对于中低压附件，一般取附加绝缘厚度为主绝缘的 2 倍，同时考虑连接管表面的光滑，并恢复内屏蔽和外屏蔽，最后对外屏蔽断开点的电场集中处通过采用应力管或应力锥方式控制该处电场，确保恢复的外护套能够和原电缆外套具有同等密封性能。

4. 防水技术

水分和湿气是对电缆附件绝缘危害最大的因素之一，一旦进入其内部，必将导致沿界面的水树枝状爬电，见图 16-7。电缆终端特别是户外电缆终端必须耐受住恶劣的外界环境侵袭。终端一旦进水，除直接影响到终端本身的安全可靠运行以外，水或水汽在电缆线芯流动，还可能导致线路中位置较低的中间接头发生故障，因此接头的防水性能非常重要。电缆中间接头的防水处理技术如下：

水树状爬电痕迹

图 16-7　水树状爬电痕迹

（1）端子压接好以后，在端子周围缠绕防水填充胶。

（2）如果是一般略微潮湿的环境，就在电缆两端分别缠绕上防水填充胶带，收缩护套管（护套管两端必须带胶）即可。

（3）如果环境比较恶劣，就必须使用自黏性防水胶带进行加强防水（也可以使用热缩防水胶带，一般采用自粘胶带，热缩胶带主要用于电缆破损修补）。方法是：

1）填充完防水填充胶以后，在填充胶外层用自黏防水胶带缠绕一层或者拉长自黏防水胶带缠绕多层，但厚度不要太厚，以免太大了导致绝缘管套不进去。

2）将热缩管套在胶处收缩好。

3）在热缩管两端缠绕防水胶带，然后再缠绕一层自黏防水胶带，在电缆绝缘护套的两端缠绕防水胶带和自黏胶带，然后将护套管加热收缩完毕即可。

对于中低压电缆附件，由于 XLPE 绝缘电缆附件多为干式绝缘结构的附件，同时密封的主要作用就是防止运行中环境的潮气和导电介质浸入绝缘内部，引起树枝状放电等危害，因此在安装附件时必须注意防水胶带层、密封胶的正确使用，涂胶黏剂的一面朝内，绕包层表面连续、光滑，并半重叠搭接。

二、典型故障案例分析

（一）故障回顾

2020 年 6 月 19 日 03：56，安某变电站东 L 线 F61 接地跳闸，重合不成功，跳闸时线路处于空载状态。现场摇测站内至站外第一级开关主电缆三相绝缘值为：A 相 0MΩ、B 相 500MΩ、C 相 600MΩ，判定主电缆存在单相接地故障，与变电站保护动作信息一致。

故障段电缆敷设在电缆沟内，为快速查明故障位置，工作人员收集了电缆长度、投运时间、电缆中间头数量及地理位置等信息，利用电缆故障车开展故障定位工作，采用低压脉冲法预定位故障点，初步判断故障点距离站外第一级开关约 7km（详见图 16-8），后经高压脉冲冲击发现初步判断的故障点位置有明显放电声。

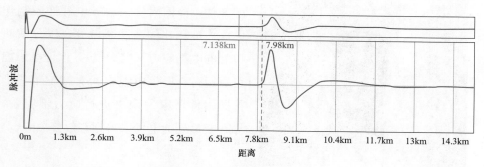

图 16-8　低压脉冲反射波形图

（二）故障分析

现场最终确认为该线路某电缆中间头故障，故障中间头于 2013 年制作，中间头属于常用的冷缩式电缆附件，见图 16-9 显示故障的电缆中间头已经被击穿，存在明显的爬电痕迹和放电击穿点。

通过进一步解剖分析发现故障的电缆中间头存在以下几个问题：

1. 内半导电层搭接工艺不合格

由图 16-10 可以看出故障电缆中间头冷缩套内半导电层未完好搭接压接管和主绝缘，在制作电缆中间头时，剥去了电缆屏蔽层，改变了电缆原有的电场分布，产生对绝缘极为不利的切向电场（沿导线轴向的电力线），在剥去屏蔽

图 16-9　故障相解剖图

图 16-10　内半导电层搭接工艺不合格

层芯线的电力线向屏蔽层断口处集中，那么屏蔽层断口处就是电缆最容易击穿的部位，冷缩附件采取导电硅橡胶制作的应力锥套在屏蔽层断口处，以分散断口处的电场应力（电力线），保证电缆能可靠运行，但该电缆中间头施工工艺未按照附件厂家说明书进行应力锥安装，导致断口处的电场未得到有效分散。

2. 主绝缘被划伤

由图 16-11 可以看出故障电缆中间头的解剖图明显可见主绝缘被划伤的痕迹，水分和湿气可通过划伤的痕迹进入电缆内部，一旦水分和湿气进入，必将沿界面形成水树枝状爬电。因此，此类划伤是制作电缆中间头的禁忌。

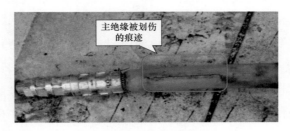

图 16-11　非故障相主绝缘表面处理工艺

3. 主绝缘倒角及压接管毛刺处理工艺不合格

由图 16-12 可看出故障电缆中间头主绝缘倒角工艺不合格、压接管毛刺未打磨问题。冷缩式附件对倒角、毛刺处理均有严格要求，如存在工艺问题，会发生局部放电，长时间发生局部放电会导致中间头故障。

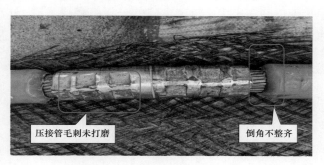

压接管毛刺未打磨　　　　倒角不整齐

图 16-12　非故障相压接和倒角工艺

电缆附件是电缆线路必不可少的组成部分，与电缆本体组成配电电缆线路。在安装电缆附件时应注意导体截面及表面特性、半导电层、铜带屏蔽、绝缘层及护套等各部分的施工工艺要求，确保电缆附件安装后能与电缆本体同生命周期可靠运行。通过以上解剖可以得出此次电缆中间头故障的原因为：内半导电层未完好搭接、主绝缘被划伤、主绝缘倒角不合格、压接管未打磨等不合格制作工艺。

三、分析总结

电缆附件按照工艺标准安装是保证电缆线路可靠运行的前提条件，为保证电缆附件的安装质量，应做好以下工作：

（1）做好安装施工人员的资质把关，确保制作工艺合格。

（2）加强电缆附件制作旁站工作，对制作工艺进行全过程监控。

（3）做好新入网电缆头交接试验，试验合格后方能入网。

案例 17：10kV 照 M 线 F09 市场边 1 号变压器台架隐患挖掘分析

摘要： 该案例通过解剖开关柜电缆室内 10kV 故障中压电缆及其附件，发现故障是由电缆外部向内部发展形成的，结合故障前后现场电气量测试，综合判定本案例是由于配电变压器台区地网失效，低压接地时故障电流或正常运行时的负荷不平衡电流会通过低压绝缘破损处或铁构件流入大地，并通过 10kV电缆屏蔽层、配电变压器低压侧中性点构成故障电流通路，电流流经中压电缆屏蔽层抱箍压接处，并在压接处较大电阻的分压下集中发热并破坏电缆绝缘，逐渐形成中压电缆局部放电通道，最终发展成为中压电缆导体线芯接地故障。

一、故障回顾

2021 年 10 月 20 日 20：00 某 D 变电站 F11 圩 F 线发 Z 路 K01 开关零序保护动作跳闸（见图 17-1），因发 Z 路 K01 开关为变电站站外第一级开关，圩 F线在该开关跳闸后负荷骤降为零（见图 17-2）。

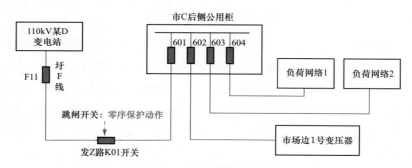

图 17-1　圩 F 线接线示意图

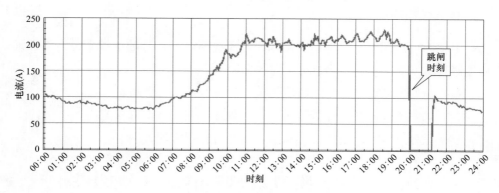

图 17-2　圩 F 线日负荷曲线

跳闸事件发生后，抢修值班人员迅速到现场排查出市 C 后侧公用柜 602 开关电缆小隔间内电缆靠近终端头处电缆烧熔，见图 17-3。

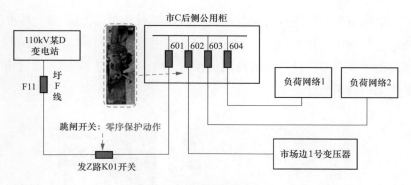

图 17-3　电缆烧熔位置

二、故障分析

（1）电缆解剖发现电缆外层烧损面积大，但内部导体线芯烧损面积却越来越小，这一现象与以往历次故障电缆解剖发现的内部烧损面积大而外部烧损面积小甚至在外表面都没有烧损点的现象存在明显的不同，见图 17-4，此现象表明故障是由电缆外部向内部发展的。

图 17-4　故障电缆解剖过程图

从图 17-4 可以看出，B 相电缆剥到铜带屏蔽层时可见两个烧熔的小坑，再剥至内绝缘层时可见绝缘层有一烧穿的孔、绝缘层上另有一处则烧蚀形成凹陷，跟平时的电缆故障路径相比有很大的不同，A 相和 C 相电缆剥到屏蔽层时未发现任何异常情况，屏蔽层完好无损。

（2）电缆由外部向内部击穿的原因分析。经观测距市 C 后侧公用柜 3m 处的市场边 1 号变压器台架围栏已锈蚀，现场使用万用表和接地电阻测试仪器实测市场边 1 号变压器中性点接地电阻值皆为无穷大（见图 17-5），表明市场边 1 号变压器地网已无效。

图 17-5　地网绝缘测试

仔细观察市 C 后侧公用柜 602 开关至市场边 1 号变压器的电缆，发现其电缆屏蔽层在 602 开关处接于接地铜排上、电缆屏蔽层另一侧（市场边 1 号变压器）接于台架的固定铁件上（固定铁件通过引入地网的铁线接地），因市场边 1 号变压器地网无效，因此市 C 后侧公用柜 602 开关至市场边 1 号变压器的电缆的屏蔽层在市场边 1 号变压器处并未真正接地。

为了清楚解释市 C 后侧公用柜 602 开关电缆小隔间内电缆靠近终端头处电缆烧熔现象，现场进一步扩大高低压设备巡视范围，最终在离市场边 1 号变压器 5m 处的商铺上方发现低压导线破损并与墙上的铁构件发生接触，由此形成低压接地。由于市场边 1 号变压器地网失效，低压接地时故障电流或正常运行时的负荷不平衡电流会通过低压绝缘破损处和铁构件流入大地，并通过 10kV 电缆屏蔽层、配电变压器低压侧中性点构成故障电流通路，见图 17-6。电流流经中压电缆屏蔽层抱箍压接处，并在压接处较大电阻的分压下集中发热并破坏电缆绝缘，逐渐形成中压电缆故障点后最终形成中压电缆导体线芯接地，中压电缆导体线芯接地后产生的故障接地电流导致发 Z 路 K01 开关零序保护动作跳闸。

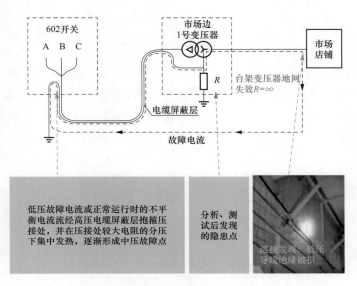

图 17-6　故障电流通路

三、分析总结

该案例形成了故障分析的经典思路与预控方法，通过电缆故障发展路径是由内向外发展，还是由外向内发展来判断故障是电缆自身原因还是外部原因引起，并通过分析将隐藏的安全隐患挖掘出来并采取措施消除。

通过该案例，发现低压负荷不平衡时只要配电变压器地网失效也能引起高压电缆烧毁。因此，监测配电变压器中性点电流及配电变压器地网的工作是防止该类型故障的有效预控手段。

案例 18：一起多回 10kV 线路同时跳闸的原因分析

摘要：该案例为同母线多回配电网架空线路同时跳闸的典型故障，由于 10kV 架空线路重合闸分合产生的暂态过电压，使同母出线线路上存在绝缘薄弱的设备被暂态过电压击穿。同时，由于相邻架空线路电动力的相互作用以及施工工艺不合格，导致 3 回架空线路在站外断路器开关附近发生同时断线故障。

一、故障回顾

2014 年 7 月 25 日 06：43 220kV××变电站 10kV 1AM 母线的出线××线 F03、××线 F05、××线 F07 同时故障跳闸。F03、F05、F07 为架空线路，出站后同杆塔架设（见图 18-1）。故障特征统一为线路故障前轻载运行，线路相继故障且保护动作后重合闸不成功。故障前后线路电流见表 18-1。

图 18-1　故障线路位置

表 18-1　　　　　　　　　　线路故障前后电流对照　　　　　　　　（A）

序号	故障线路	故障电流	故障前负荷电流
1	××线 F05	6276	121.71
2	××线 F07	13171	126.99
3	××线 F03	15880	46.77

事故发生后，某供电公司立即组织人员进行故障查找和事故抢修。最终确定故障情况如下：

F05：某公用变压器室内墙上保险管 B 相爆炸；站外断路器开关负荷侧隔离开关 A 相铜铝线夹断裂。

F07：站外第一基铁塔上 B 相瓷横担断裂；站外断路器开关负荷侧隔离开关 B 相铜铝线夹断裂；某用户高压计量箱故障。

F03：站外第一基铁塔至其紧随其后的第一基杆塔之间架空裸导线 B 相断线（导线截面面积 185mm²）。

通过分析变电站内录波器数据后，将本次故障的保护动作时间序列作图，见图 18-2。

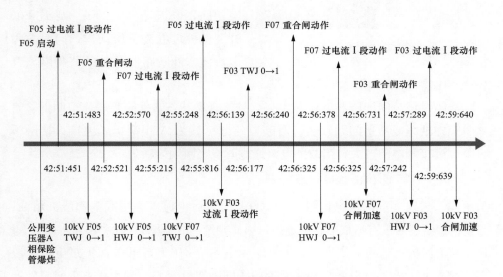

图 18-2　保护动作时序图

二、故障分析

在进行故障查找和事故抢修的同时，该供电公司派专人对故障原因进行了分析。通过分析查找到的故障点实际情况、保护动作时间序列和数据计算结果，结合现场工作经验，得出了以下结论：

（一）××线 F05 故障过程分析

由图 18-2 可以看出，06：42：51：451，F05 站内断路器开关保护过电流 I 段首先动作，判定本次故障是由 F05 引起的。通过站外断路器开关负荷侧隔离开关下散落四周的金属粉末及断口痕迹判断，A 相铜铝线夹断裂为熔断。故障前 F05 一直处于轻载状态，121.71A 的电流不足以造成铜铝线夹的熔断，因

图 18-3 爆炸的保险管

此判定故障是由保险管爆炸（见图 18-3）引起。分析同一时刻站内 1 号主变压器变低 501A 的故障录波图和保护动作时序图可推断，某公用变压器室内墙上保险管 B 相爆炸后形成三相短路故障，故障后重合闸重合不成功。故障期间，电流达到 6276A，导致 F05 开关保护过电流Ⅰ段动作，同时故障电流使站外断路器开关负荷侧隔离开关 A 相铜铝线夹发热、熔断。

故障时该公用变压器负载率 34%，处于轻载状态，保险管爆炸说明保险管本身存在缺陷或质量问题；通过对断口的分析认为 A 相铜铝线夹接口接触不良，导致接触电阻较大，当故障电流通过时线夹瞬间熔断。

（二）××线 F07 故障过程分析

同××线 F05 的情况相同，126.99A 的负荷电流不会引起铜铝线夹熔断，且瓷横担断裂后没有形成短路的通道，因此判定，故障原因为：06：42：52：521 F05 开关保护重合闸动作之后，至 06：42：55：816 F05 开关保护过电流Ⅰ段动作切除 F05 开关之前的故障持续期间，同塔架设的 F05 铜铝线夹熔断瞬间产生的金属蒸汽上升及 F05 重合后 F07 的导线受电磁力摆动的综合因素影响导致了 F07 三相短路故障，故障电流为 13171A，06：42：55：215 站内断路器开关过电流Ⅰ段保护动作。故障电流使 F07 开关负荷侧隔离开关 B 相铜铝线夹熔断。故障期间，F07 断裂的 RA2.5 型瓷横担所受电动力 $F_{\max} = 1.73 \times i_{sh}^2 \frac{L_{ca}}{a} \times 10^{-7}$，（式中，$a$ 为相间距，m，L_{ca} 为计算跨距，m），计算可得 $F_{\max} = 0.6kN < 2.5kN$（瓷横担的抗弯负荷），该力不足以扭断瓷横担，因此判定 F03 导线断线时打断了 F07 的瓷横担（见图 18-4）。

图 18-4 断裂的瓷横担

06：42：56：325，F07 重合闸动作合上站内断路器开关，某一负荷状态下线路电感 L_g 和电容 C_g 满足 $\omega_0 L_g = 1/\omega_0 C_g$ 时，达到 LC 回路串联谐振条件，发生高频振荡（见图 18-5），振荡频率 $f_0 = 1/(2\pi\sqrt{L_g C_g})$，远大于工频 50Hz。

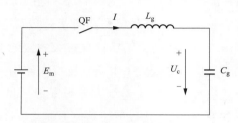

图 18-5　振荡回路原理图

如果电源电压在接近幅值时合闸，由于电源电压变化较慢，线路的合闸相当于直流电动势合闸于 LC 振荡回路，直流电动势等于工频电源电压的幅值 E_m，振荡过程中线路上会产生很高的过电压，过电压幅值＝稳态值＋（稳态值－初始值）。06：42：55：215 站内断路器开关过电流保护动作之后至重合闸保护动作之前，线路上仍有较大的残留电荷和残留电压，即初始值不为零，将会使过电压倍数增大。若重合闸保护动作之前线路上保留有 E_m 的电压，当重合时刻电源电压恰好为最大值，且与线路上的残留电压极性相反，即$-E_m$，这时电源电压将通过变压器及电感对电容反充电，形成振荡，线路上的电压初始值为 E_m，稳态值为$-E_m$，过电压幅值＝稳态值＋（稳态值－初始值）$=-3E_m$，即重合闸时刻线路过电压最高可达电源电压的三倍。

因此，分析认为由于重合闸分合产生的暂态过电压使某用户高压计量箱绝缘击穿、发生故障。

（三）××线 F03 故障过程分析

06：42：56：139，受 F07 开关负荷侧隔离开关 B 相铜铝线夹熔断产生的金属蒸汽与 F07 导线受电磁力摆动的影响，F03 线路上发生三相短路故障，故障电流 15880A。故障期间，F03 第一基铁塔和紧随其后第一基杆塔之间导线中间相 B 相承受的电动力 F_{max} 最大，最大值为 $F_{max} = 1.73 \times K_f \times i_{sh}^2 \dfrac{l}{a} \times 10^{-7}$（式中，$K_f$ 为导线形状系数，当导线相间距离远大于导线截面周长时，$K_f = 1$；l 为导线跨距，m；a 为导线相间距，m），计算可得，$F_{max} = 33.2kN$，电动力拉断了 B 相导线（见图 18-6）。

经观察，断裂导线的两个并沟线夹的压接工艺不符合要求，一个并沟线夹按要求使用了铝包带压接但有铝包带向外鼓出；另一个并沟线夹未使用铝包带压接，导线存在断股现象并严重锈蚀（见图 18-6 和图 18-7）。从××线 F03 的年负荷曲线可知该线路一直处于轻载状态，由于过负荷导致发热的可能性较低。导线的锈蚀证明由于压接的质量不良存在过大的接触电阻，产生发热，加快氧化腐蚀，严重的腐蚀进一步增大了电阻；压接未使用铝包带，导致股间存在空隙；当有大电流通过时导线产生电弧，导致断股（见图 18-7）。断裂的导线的档距为 94m，不符合《66kV 及以下架空电力线路设计规范》（GB 50061—2010）第 12.0.2 款要求，10kV 架空电力线路的档距应在 40～50m 内，导致线路荷重及短路时产生的电磁力增大。以上因素综合起来导致导线的机械强度下降，当短路产生的 33.2kN 电磁力作用在导线上时，导线被拉断。

图 18-6　断裂的导线

图 18-7　断线相的并沟线夹

三、分析总结

针对本次故障中暴露出的问题，提出了以下管控措施，预防此类事件再次发生。

（1）按照《66kV 及以下架空电力线路设计规范》（GB 50061—2010）第 12.0.2 款要求，排查档距超标线段，采取调整档距、更换为加强型导线或更换为电缆线路等措施消除导线断线的隐患。

（2）铜铝线夹电阻过大时，正常负荷电流下不会导致线夹烧断，但是会导致发热、温度升高，通过测温枪或热成像仪可以检测出来。因此，要加强测温及巡视工作，特别是所处环境湿度大、温度高等运行环境差的架空线路和设备。

（3）排查公用变压器室内墙上的负荷保险管数量，制订计划更换为更可靠的设备或在保险管间装设绝缘挡板，避免保险管爆炸后形成短路故障通路。

（4）加强验收工作，对于架空导线，在保证人身安全的前提下应对其进行登杆验收，严禁并沟线夹未使用铝包带压接。

（5）严格执行新颁布的《××电力公司中低压配电运行规程》加强设备故障分析，对故障发生的根本原因进行分析并制定针对性的整改措施进行事故反措。

第五章　故障分析总结及趋势

一、故障分析总结

配电网发生故障或异常时，工作就进入了分析状态，按时间序列可分为事前分析、事中分析和事后分析。事中分析聚焦于故障点的确认，为制订复电与抢修方案提供决策依据，快速隔离与恢复供电是其主要目的。事后分析聚焦于揭示产生故障、异常的根本原因（管理、设计、工艺、验收、标准规范），制定针对性的管理改进、技术反措措施并期望执行后不再重复发生同类事故及异常事件。但在实际工作中却存在以下痛点：

（1）保护是否正确动作，难以分辨、评价：如 2019 年 2 月 10kV 某志线 F01 站外一级断路器开关共计跳闸 3 次（案例 1），3 次线路都摇测线路绝缘值合格且查无故障点，但保护又记录有故障电流。事故分析过程中，认为线路有故障和坚持认为断路器开关误动的观点交锋激烈。事后经数据试验测试后认定断路器开关保护装置误动作，并采取了针对性的更换断路器开关保护采样板件的反事故处理措施，获取数据和事故分析过程极其耗时，明显不利于快速分析故障原因和采取应对措施的工作。

（2）隐患潜伏，难以排查：例如 2019 年稳 D 变电站 F09 分别于 6 月 20 日、6 月 21 日、6 月 29 日、8 月 30 日及 9 月 10 日共计 5 次跳闸都未查找到故障点，前 3 次跳闸后提取了保护记录的数据碎片并反复推算认为线路确实存在故障点且保护动作行为正确，事故分析中认为保护误动和认为线路上存在设备隐患的双方争执不休。到 9 月 10 日该线路再次跳闸且收到兴某股份合作公司专用变压器爆炸故障信息时这一持续的争论才告一段落。

（3）频繁投诉，难以解决：2019 年 SMP 供电公司关于电压闪变的投诉共计 29 单，2019 年中压设备跳闸原因中原因不详及电压波动类故障原因占比为 22%。2019 年只投诉一次的 SMP 市 RZH 生物科技公司某生产厂共计因电压闪变跳闸 5 次，作为重要的医药物资生产企业，隔年 3 月 5 日、6 日又投诉电压闪变跳闸 2 次。厂家投诉后供电公司随即进行了回访并安抚客户、积极维护良好的客户关系，但因手头根本无任何可用数据分析客户设备跳闸原因并给出针对性改进建议措施，因此一直找不到问题的突破口。

对于上述情况，第一，面临的窘境是无有效数据可用；第二，能提取的数据大多为碎片化的数据；第三，数据的整理繁琐、耗时，如各点数据的计时零时刻的校准就非常难。因为数据的这 3 个特征又会导致如下状况：

一是大量重复无效的劳动：因无法提供翔实的故障分析数据，将分散于各处的故障数据经过合理推测、逻辑组合并进行去伪存真的工作后推算出故障点，因此相关各方对是否存在故障激烈争辩，现场反复投入大量人力、物力进行故障排查，工作方向不清晰、工作缺乏针对性。

二是隐患就在身边而不知：早在 2019 年 2 月 14 日特某光网公共柜无故障特征跳闸时就应该被发现的隐患，因为缺乏完善的数据而无法进行充分的事后分析。直到 2019 年 7 月 12 日 220kV 某 A 站 20kV 机 M 二线 F18、机 P 线 F10、机 M 一线 F20 及 220kV 某 B 站 20kV 玉某塘线 F17 在 1min 内相继跳闸事件发生后，在有条件的基础上收集了大量数据并整理分析后才挖掘出开关柜设备智能控制单元的启动电压不符合设计规范的设备隐患。

三是找不到解决问题的突破口：SMP 供电公司 2018 年中压设备跳闸原因中原因不详及电压波动类故障原因占比为 16%，用户设备故障类原因占比为 26%，两者相加占比为 42%；2019 年中压设备跳闸原因中原因不详及电压波动类故障原因占比为 22%，用户设备故障类原因占比为 28%，两者相加占比为 50%。对此类问题一直缺乏具体的技术手段分析、判断跳闸的根本技术原因。

为避免故障事中分析和事后分析工作中的无效劳动、提升故障判断的快速性和准确性，在实践的基础上总结出了故障分析范式（见附录），该故障分析范式的要点是首先判断是否真实地存在故障，然后再通过一套规范思路判断故障范围，从而锁定了设备隐患或缺陷，为挖出"带病"运行的设备提供规范指引。

二、故障分析趋势

目前国内配电网主要监测手段为智能终端，该设备主要目的是保护作用，并不具备线路全频谱电压、电流等参数的实时连续监测、分析功能，且只有故障时而无异常时的数据，数据之间没有建立联系无法形成有效、可用的故障及异常大数据资源。

在 5G 网络出线以前，无线组网传输方式不是相对来说成本较高，就是传输速率过低，不满足数据实时传输的需求。5G 网络出线后，尤其是低速率物联网的组建（NB-IOT），为低成本无线组网提供了可能性，并且该网络（NB-IOT）可直接接入运营商或第三方云服务器，大大降低了组网的成本。

因此形成一套基于 5G 物联网的分布式、高度可扩展的配电网异常分析诊断平台，已具备外在的网络物质基础。

加强配电网建设，通过智慧运营提高供电质量与接纳分布式电源的能力，已成业界共识。对于故障的事中分析通过故障自愈技术的研究与采用提升了配电网自动分析处理故障、快速恢复非故障段供电的能力。但对于查无故障的保护动作行为，现有保护技术无法快速分析原因。对于事前数据分析，大数据扫描存在的如电压闪变、谐波、架空线对树放电等隐患的人工智能（AI）识别开展研究基本空白，未来的技术路径是力图突破这方面的瓶颈，基于大数据、人工智能技术形成一些行之有效的技术识别模型。神经网络具有灵活有效、全分布式的存储结构，尤其适用于进行大规模的并行信息处理，对非线性系统具有很强的建模逼近能力，模式识别能力，可以对任意复杂状态或过程进行分类和识别，能够掌握系统的本质特征。根据配电网负荷多变，网架结构复杂的特点构建专用的训练模型与算法，结合前期收集的样本数据，利用人工神经网络结合电力元件、气象数据等进行关联分析，提前对易触发配电网故障的因素进行提示，达到事前预警的目的。

未来可在馈线保护柜、专用变压器和公用变压器等处加装分布式数据采集终端采集电流、电压波形，并通过北斗同步系统同步各个终端之间的采样脉冲，以实现区域、全局的采样一致性。采集数据在终端处进行录波实时数据分析并根据预定的参数或自适应算法进行判断，当达到录波条件时自动进行录波记录。记录完成后终端通过 NB-IOT 网络将启动信息以及故障产生时的文件发送至云端后台系统，云端后台系统管理着所有的数据采集终端，并根据配电网各条线路的参数确定整个配电网的网架结构，结合配电网系统运行方式以大数据、机器学习等先进技术实现隐患预判、故障设备快速判定，系统判定完成后会将相关信息自动推送至运维人员的手机、电脑终端。辅助配电网运维人员排除隐患，分析故障及评价保护自动化的动作行为正确性。

采集终端内置录波功能（不同于故障录波、包含有各种参量的突变），可有效记录设备侧系统运行过程中各种电参量的变化，如电压暂升、暂降、闪变等影响用户用电质量的问题，为后续隐患预判、责任判定、故障查找等提供依据及详细数据，为多角度、全方位对事故原因判定等提供有力支撑。

附 录　故 障 分 析 范 式

发生跳闸停电事件后，首先用五种故障判断法（多装置启动信息判断法、动作电流值判断法、动作时长判断法、采样值对比判断法、故障特征判断法）判断是否存在故障，如不存在故障则恢复供电，如存在故障则采用三种故障范围锁定法（相间故障范围判断法、接地故障范围判断法、营配数据联动判断法）将故障设备隔离并恢复供电（见附图1）。

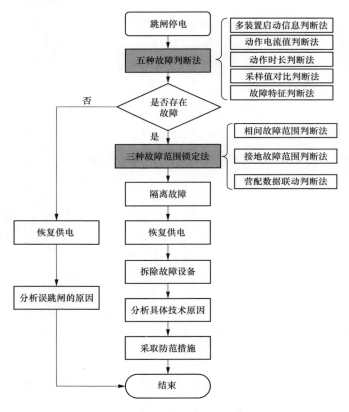

附图 1　故障分析范式图

附图 2 所示为一供一备接线方式，其中 S1、S2、111、113、123、122、133、132、143、142、212 开关为断路器开关，所有断路器都配置了速断、过电流及零序保护并投入跳闸，112、121、211、131、141 开关为负荷开关并配置了速断、过电流及零序保护用于记录故障模拟量及开关量信息，负荷开关保护不动作于跳闸仅用作发信及告警。

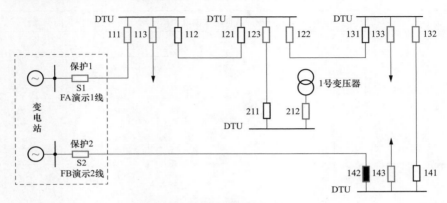

附图 2　故障分析接线示意图

（一）是否存在故障判断法

（1）多装置启动判断法：如 123 开关跳闸，且 121、112、111 开关的配电网终端保护自动化装置 DTU 皆在同时刻以相同特征的模拟量启动，则判为正确动作，123 开关指向负荷侧存在设备故障，故障范围限于 123 开关 TA 与 211 开关 TA 圈定范围内（见附图 3）。

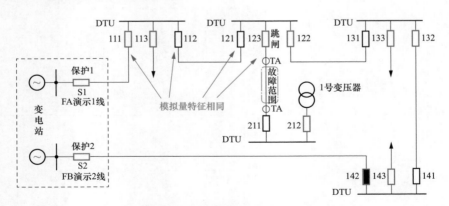

附图 3　多装置启动判断法示意图

如 123 开关跳闸，且 121、112、111 开关的 DTU 皆在同时刻未以相同特征的模拟量启动，则判为不正确动作，123 开关指向负荷侧不存在设备故障。

多装置启动判断法的要义为当存在真实故障时从电源往故障方向的跳闸开关的串联回路上所有保护应同时以同样的特征量启动，见附表1。

附表 1　　　　　　　　　　故障类型及电流波形特征对照表

序号	故障类型	从电源往故障方向的跳闸开关的串联回路上所有保护的电流特征
1	AC 相间故障发展为三相故障	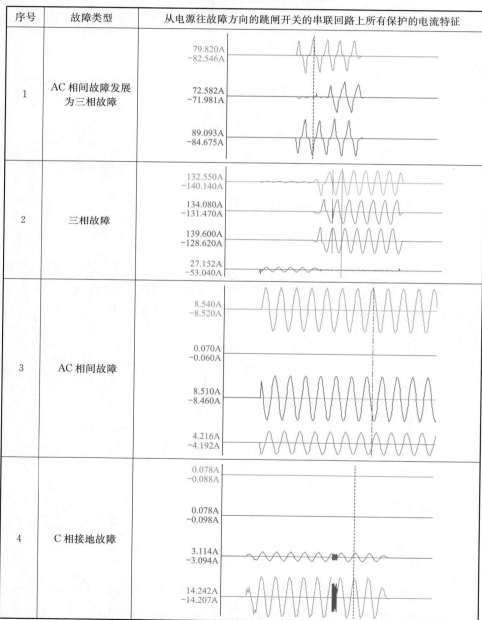
2	三相故障	
3	AC 相间故障	
4	C 相接地故障	

（2）动作电流判断法：如 111 开关跳闸时记录的故障电流为 25680A，但当年调度核算的变电站配出馈线的母线故障最大三相电流仅为 20000A，表明 111 开关跳闸故障电流大于理论最大值，则判为不正确动作（见附图 4）。

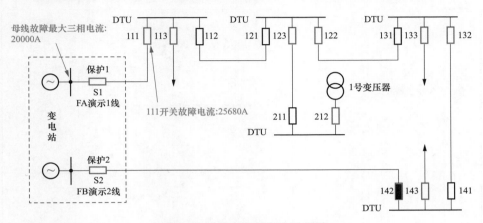

附图 4　动作电流判断法示意图

动作电流判断法的要义在于母线馈出线路上的任意一开关其故障记录电流不可能大于母线最大短路电流理论值。

（3）动作时长判断法：如任一馈线开关跳闸时记录的故障跳闸时长为 T_2（单位：s），明显高于保护整定时间 T_1（单位：s），表明保护为误发跳闸令，判为不正确动作（如案例 3，见附图 5）。

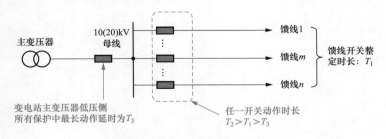

附图 5　动作时长判断法示意图

在排除开关拒动的前提下，动作时长判断法的要义在于保护动作时长不可能大于整定值太多。

（4）采样值对比法：如 123 开关零序保护动作跳闸，123 开关保护对应的相间 TA 也有任意一相电流在相同时间段发生了电流增大的情形，则判断为保护正确动作，见附表 2。

附表 2　　　　　　　单相故障保护电流采样对比表

序号	故障类型	相间 TA 与零序 TA 采样波形
1	A 相接地故障	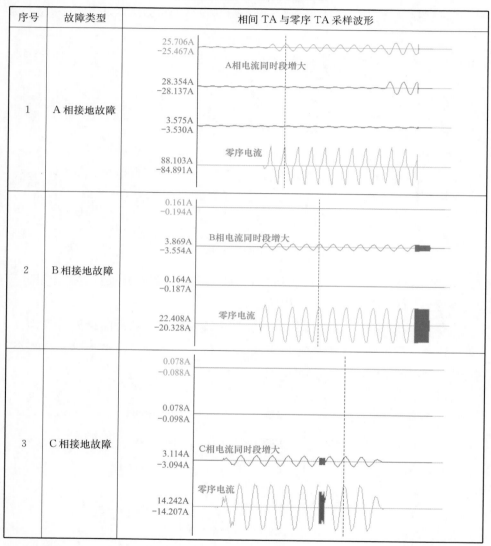
2	B 相接地故障	
3	C 相接地故障	

如 123 开关零序保护动作跳闸，123 开关保护对应的相间 TA 任意一相电流未在相同时间段发生电流增大的情形，则判断为保护不正确动作（如案例 8）。

（5）故障特征判断法：当 123 开关相间过电流保护发生动作后，如何判断保护是否正确动作呢？除采用多装置启动信息判断法判断是否真实地发生了相间故障外，还可以利用故障特征进行判断，当发生相间故障时故障相的电流发生陡增，对应的相电压则发生骤降，在没有其他自动化装置故障数据可做对比分析时，可利用跳闸处开关保护采集的电流、电压波形的故障特征进行动作行为正确与否的判断（如案例9），如AB相间过电流保护动作，对应的AB相间电压也同时下降，则判断保护正确动作，见附表3。

附表3 电流、电压故障特征表

故障类型	故障特征	电压、电流波形
A、B相间故障	A、B相电流增大且反向期间A、B相电压下降	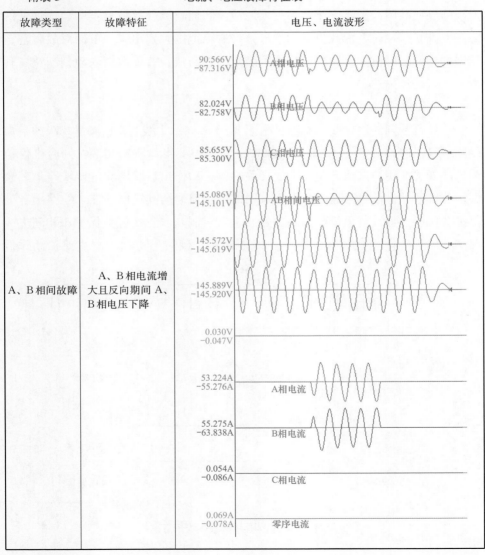

如 AB 相间过电流保护动作、对应的 AB 相间电压并未在同时段同时刻下降，则判断保护动作不正确。对于 BC 相间过电流、CA 相间过电流保护动作行为的判断也以此类推进行保护动作行为判断。

（二）故障范围锁定法

在综合应用多装置启动信息判断法、动作电流值判断法、动作时长判断法、采样值对比判断法和故障特征判断法判断确实存在故障后，下一步就是锁定故障点或故障范围，由于本书更多地涉及隐性故障（故障点不明显或潜在的隐患）查找的探讨，因此更多的情形是将故障范围判别出来，下面对故障范围锁定的相间故障范围判断法、接地故障范围判断法、营配数据联动判断法三种方法进行详细描述。

1. 相间故障范围判断法

故障范围判断法接线示意图见附图 6，FA 演示 1 线与 FB 演示 2 线为自愈线路（仅保留站端 S1、S2 开关的保护 1 和保护 2 出口跳闸功能，同时也保留用户处开关即用户进线开关与出线开关的保护动作出口跳闸功能，线路上其余保护装置的动作信号上送至配电网自动化主站但取消其跳闸功能，线路上各处保护动作后的后续复电操作策略由远端进行控制），当 S1 开关保护 1 相间电流保护动作跳闸且 111、112、121、123 断路器皆同时上送相间电流保护动作信

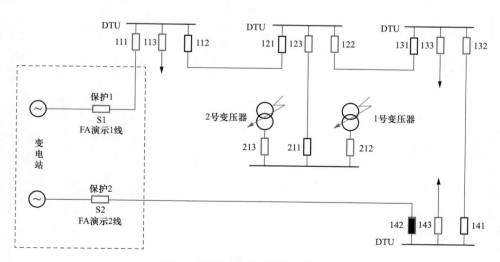

附图 6　故障范围判断法接线示意图

号至配电网自动化主站，则判断 123 开关后段设备故障，如果进一步的 212 开关也同时有相间电流保护动作信息，则判断 212 开关后设备故障。

相间故障范围判断法的要义为：对于单辐射供电线路，当发生相间故障跳闸时，离电源点电气距离最远且具有保护动作信息的开关之后为故障锁定范围。

2. 接地故障范围判断法

以附图 6 为例，FA 演示 1 线与 FB 演示 2 线为自愈线路，当 S1 开关保护 1 零序电流保护动作跳闸且 111、112、121、123 开关同时上送零序电流保护动作信号至配电网自动化主站，是否就判断 123 开关后段设备故障呢？这就不一定了，因为接地故障时故障点的零序电压最高、零序电流最大，因此如通过零序电流值比较 121 开关保护处记录的零序电流最大，则故障范围在 121 开关 TA 附近，而并不是 123 开关后端，这是与相间故障范围判断法明显不同的（如案例 7）。

3. 营配数据联动判断法

以图 6 为例，FA 演示 1 线与 FB 演示 2 线为自愈线路，当 S1 开关保护 1 电流保护（相间或零序过电流）动作跳闸且 111、112、121、123 开关皆同时上送电流保护动作信号至配电网自动化主站，且经查找未发现明显故障点后该怎么办呢？此时可以扩大数据比对范围进行分析，引入 1 号、2 号配电变压器的用电数据即可，如 2 台变压器在 FA 演示 1 线跳闸前都有连续的用电记录，但跳闸后某台变压器的用电行为明显产生了行为异常，同时结合该异常用电行为变压器的一些现场场景即可判断配电变压器的故障（如案例 13～15）。

参 考 文 献

[1] 丁俊. 多条 10kV 线路同时跳闸的原因及对应措施 [J]. 电子技术与软件工程, 2016 (21): 236.

[2] 路永玲. 10～20 kV 架空配电线路跳闸故障及其防治对策分析 [J]. 江苏电机工程, 2016, 35 (1): 84-86.

[3] 徐丙垠, 等. 配电网继电保护与自动化 [M]. 中国电力出版社, 2017.

[4] 贾清泉, 杨以涵, 杨奇逊. 应用证据理论实现配电网单相接地故障选线保护 [J]. 电力系统自动化, 2003 (21): 35-38, 44.

[5] 季涛, 孙同景, 薛永端, 等. 配电网故障定位技术现状与展望 [J]. 继电器, 2005 (24): 32-37.

[6] 李庆玲. 氧化锌避雷器运行状况研究 [D]. 兰州: 兰州理工大学, 2008.

[7] 丁溢锋. 电源避雷器选型与安装应注意的事项 [J]. 气象研究与应用, 2007 (4): 64-66.